DES PLANTATIONS

ET

DES GRANDS ARBRES

DANS LA GIRONDE

ET LES DÉPARTEMENTS LIMITROPHES

PAR

M. J.-A. ESCARPIT

HORTICULTEUR-PAYSAGISTE

Prix : **75** centimes.

BORDEAUX

FERET & FILS, LIBRAIRES-ÉDITEURS

15, COURS DE L'INTENDANCE, 15

1879

DES PLANTATIONS

ET

DES GRANDS ARBRES

DANS LA GIRONDE

ET LES DÉPARTEMENTS LIMITROPHES

PAR

M. J.-A. ESCARPIT

HORTICULTEUR-PAYSAGISTE

BORDEAUX

FERET & FILS, LIBRAIRES-ÉDITEURS

15, COURS DE L'INTENDANCE, 15

—

1879

A LA MÉMOIRE DE MON PÈRE

PRÉFACE

Ce ne sont pas les ouvrages traitant de l'arboriculture qui manquent ; seulement la plupart sont trop savants pour être à la portée de tout le monde, et les autres sont faits généralement au point de vue de la culture dans le Nord. Sans doute les principes sont les mêmes, mais leur application doit varier suivant les climats et les essences.

J'ai donc cru combler une lacune en livrant à la publicité cet opuscule, fruit de l'expérience acquise par ceux qui m'ont montré le chemin et que j'ai suivi en profitant des leçons que j'en avais reçues. J'ai nommé mon Père et M. Fischer.

Afin de faciliter la recherche des noms, j'ai cru devoir adopter le nom français qui est le plus usité dans notre région.

Je tiens à faire remarquer que ce n'est pas un ouvrage scientifique que j'offre à mes lecteurs, mais un travail purement pratique; et si je peux réussir à rendre quelques services à cette branche importante, mais malheureusement trop négligée, je me trouverai récompensé.

Bordeaux, le 1er septembre 1878.

J.-A. ESCARPIT.

PREMIÈRE PARTIE

—

CONSIDÉRATIONS GÉNÉRALES

SUR LES DIFFÉRENTES NATURES DU SOL

ET LE TRAVAIL PRÉALABLE AU POINT DE VUE DE LA PLANTATION

———

CHAPITRE Ier

Préparation du sol.

Généralement tous les terrains sont propres à la végétation. La réussite des plantations dépend de leur préparation à recevoir les arbres qu'on leur destine et du choix des essences.

Cette préparation n'est pas la même pour tous, mais tous demandent à être fouillés à une assez grande profondeur afin que la fraîcheur — agent indispensable pour la formation et la nourriture dès radicelles — s'y maintienne plus longtemps, et que la friabilité du sol permette à ces dernières de s'y enfoncer à l'aise. C'est ce qui explique la force de végétation qu'on remarque dans les remblais, même dans ceux faits avec de la terre de qualité inférieure.

Un préjugé fait qu'on craint d'aller trop profondément dans les sous-sols maigres (siliceux) afin de ne pas mettre une trop forte couche de ce terrain sur la partie supérieure, dans la crainte que les racines n'y trouvent pas suffisamment de nourriture et ne puissent y vivre. Il est vrai que dans les sols de cette nature il ne faut pas exagérer le défoncement; il est bien que les radicelles arrivent dès la première année à se trouver en contact avec la bonne terre qui a été mise au fond du trou ou de la tranchée, et qui était celle de la partie supérieure. En pratiquant le défoncement ainsi qu'il sera expliqué dans le chapitre suivant, on devra se trouver dans les meilleures conditions.

CHAPITRE II

Du défoncement.

La meilleure manière de procéder à cette opération est celle du défoncement à fossés. Ce travail consiste à ouvrir une tranchée de 0ᵐ50 à 0ᵐ60 de largeur sur une longueur indéterminée. Cependant, il ne faudrait pas qu'elle fût trop grande; et si le terrain à préparer se trouvait dans cette condition, mieux vaudrait le scinder afin de ne pas avoir de fossés de plus de 25 à 30 mètres de longueur. J'ai remarqué que le travail se faisait ainsi beaucoup mieux : j'en attribue la cause, à ce que ceux qui en sont chargés le font avec moins de soin et que le découragement s'empare d'eux s'ils poursuivent constamment le même fossé plutôt que d'en recommencer un autre plus souvent. Il faut que ces ouvriers soient toujours en nombre impair afin que celui qui a fait la partie supérieure vienne commencer le fossé suivant dans la partie inférieure, la supérieure étant faite par un autre ouvrier, soit le troisième ou cinquième n'ayant pas pris part au travail du premier fossé. Cette disposition a pour but d'éviter que le même ouvrier fasse toujours le plus dur et le plus pénible, qui est la partie inférieure du fossé, demandant une plus grande dépense de forces pour être jetée sur place.

L'ouvrier qui commence la tranchée doit aller à un peu plus de la moitié de la profondeur qu'on veut obtenir, soit à 0ᵐ35, pour arriver à 0^m65, parce que son travail est moins pénible que celui de l'autre ouvrier qui vient après lui et qui fait le fond du fossé. La profondeur de la terre remuée est donc, d'après ce qui précède, de 0^m65. Je la considère comme indispensable en même temps que suffisante pour obtenir un bon résultat, non pas que je redoute une plus grande profondeur, mais je crois que le mieux qu'on pourrait en obtenir ne justifierait pas la dépense que cela occasionnerait en plus, à moins qu'on n'opère dans un terrain où le rocher est près du sol ou dans celui où l'alios a une épaisseur plus grande, dans lequel cas il faut absolument le percer.

La terre provenant du premier fossé devra être enlevée et portée à l'extrémité opposée, c'est-à-dire à l'endroit où doit se terminer le travail, afin de l'avoir sur place pour combler la dernière tranchée, à moins qu'on n'en ait d'autre plus à portée, ce qui permettrait de l'employer avec fruit en la répandant sur les endroits les plus bas; car il sera toujours bon, afin que l'opération soit complète, de niveler le sol avant de commencer le défoncement, faute de quoi, en le faisant après, on se trouve exposé à n'avoir pas un guéret uniforme puisqu'on diminue la hauteur de la terre préparée dans les endroits les plus élevés, alors qu'on l'augmente dans les endroits les plus bas, ce qui ne peut nuire à ces derniers; mais les premiers ne se trouvent plus dans les mêmes conditions, et le défoncement devient insuffisant pour ceux-là.

Le premier fossé doit donc être laissé complètement vide pour recevoir la terre du second; la première terre, c'est-à-dire celle de la surface, ira prendre sa place au fond du fossé; il faudra avoir soin de la faire bien diviser, si toutefois elle est liée, comme cela arrive dans toutes les terres grasses, afin de ne pas laisser de cavités dans le fond. C'est le travail du premier ouvrier que je viens d'indiquer, et celui qui le suivra enlèvera, dès qu'il pourra se placer, le reste de la terre pour obtenir la profondeur demandée, en la plaçant sur cette première couche, formée de celle provenant de la partie supérieure, et ainsi de suite pour tous les autres fossés.

Le défoncement à la pioche, qu'on appelle à *tail-ouvert,* ne peut être suffisant que lorsque le terrain défoncé doit être ou remblayé ou surhaussé, comme pour les massifs dans les jardins paysagers.

Ce travail s'applique à tous les sols en général, excepté ceux des Landes, mouillés ou peu profonds, où le tuf, l'alios ou même l'argile forment le sous-sol à 0^{m}20 ou à 0^{m}30 de profondeur et qui devront être traités de la manière suivante.

Le terrain devra être partagé en tranches ou planches d'égale longueur et suivant que les plantations ou semis qu'on se propose d'y faire devront être plus ou moins écartés ; les planches devront être plus ou moins larges ; toutefois afin de diminuer les frais, il serait bien qu'elles n'eussent pas plus de 5 à 6 mètres de largeur. Le terrain divisé, on fera piocher la première planche, ainsi que la troisième, cinquième, etc., toutes les impaires, à la profondeur à laquelle on pourra arriver en trouvant toujours de la terre végétale : il faudrait au moins obtenir 0^{m}30 et davantage si on le peut ; et toutes les autres, la deuxième, la quatrième, etc., seront creusées tant qu'on trouvera de la terre végétale, laquelle sera jetée sur les parties piochées. L'économie de cette opération consiste en ce qu'il n'y a que la moitié de chaque planche creusée à jeter sur sa voisine, la moitié de gauche sur celle de gauche, la moitié de droite sur celle de droite ; ce qui peut se faire facilement au jet de pelle, sans avoir recours à la brouette, travail beaucoup plus coûteux et qui deviendrait indispensable en donnant une plus

grande largeur aux planches. D'après ces indications, la première planche n'aura que la
moitié de sa largeur recouverte par la moitié
de la terre provenant du creusement de la
deuxième planche; on pourrait donc, pour
celle-là, ne la faire que de moitié largeur. Mais
si on peut avoir de la terre pour couvrir l'autre
moitié, mieux vaudrait la faire semblable aux
autres, afin d'avoir un ensemble plus régulier. Il
en sera de même pour la dernière.

Il résulte de ce travail, qu'on donne une
épaisseur de terre suffisante pour la bonne
venue des arbres, et le terrain se trouve égoutté
par le vide laissé entre chaque planche; car
c'est là surtout le grand objectif à poursuivre :
celui de l'égouttement, — je ne dis pas l'écoule-
ment, qui est impossible dans la plupart de nos
landes; mais donner au sol assez d'élévation
pour que les arbres qu'on y plante ou sème
soient à l'abri des eaux.

Cette opération a été pratiquée il y a long
temps sur une grande échelle par M. Yvoy
père, décédé il y a déjà quelques années, et qui
a laissé un grand vide parmi les arboriculteurs.
Sa réussite a été complète dans des semis de
Pins et Chênes destinés à faire des taillis, dont
quelques parties ont été mises en garenne plus

tard, et les pins éclaircis pour être résinés. Ce
ne sont pas seulement ces deux essences qui
ont réussi; mais des Liquidembards, Tulipiers,
Bouleaux, Magnolias, etc., sont devenus des
arbres magnifiques et bien connus des amateurs.

CHAPITRE III

Époque des plantations.

Les terrains secs devront être plantés dès
l'automne, aussitôt que les arbres dépouillés de
leurs feuilles pourront être arrachés; ce sont
les meilleures plantations, non seulement pour
ces terrains, mais aussi pour tous les autres, les
marécageux exceptés.

Il ne faut cependant pas croire que les plantations faites dans le courant de l'hiver et même
dans le mois de mars ne puissent réussir; mais
il y aura toujours une avance très marquée
pour les premiers, leur reprise étant complète
au moment de la pousse.

Les terrains mouillés, au contraire, ne
devront jamais être plantés dans le courant
de l'hiver. Si on manque la plantation d'au-

tomne, on devra attendre la fin de l'hiver, du
15 au 30 mars, alors que les grandes pluies
sont passées et que la végétation va se faire
sentir. La plaie causée par la section des racines,
section qu'on ne peut éviter en arrachant
l'arbre, restant exposée trop longtemps à
l'humidité, se pourrit, ne se cicatrise pas et ne
peut le faire qu'autant que la végétation lui
vient en aide.

Quelques espèces peuvent être plantées en
pleine végétation : telles sont les essences rési-
neuses et à feuilles persistantes, à la condition
qu'elles soient élevées en pots ou bien levées en
mottes, parce que dans ces conditions on coupe
très peu ou pas même de racines ; néanmoins
pour les forts sujets, leur transplantation exige
des soins, arrosages et bassinages, qu'on n'est
pas toujours à portée de leur donner et qui
leur sont indispensables.

CHAPITRE IV

De la plantation.

On ne saurait prendre trop de précautions
pour la plantation ; cependant il faut dire que

si on devait suivre à la lettre toutes les instructions écrites sur ce sujet, la vie d'un homme ne suffirait pas à planter un parc de quelque étendue; et en admettant qu'on puisse attribuer le manque de réussite de quelques arbres, dans une plantation, à la non-observance de ces instructions, il est plus naturel encore de croire qu'ils ne peuvent pas tous réussir. Les sujets mal racinés, rachitiques ou trop âgés, seront toujours rebelles à là reprise, quelques soins exagérés qu'on en prenne.

Le moyen le plus pratique de procéder à la plantation, moyen que j'emploie, que je n'ai pas inventé, mais dont je me suis toujours bien trouvé, tant au point de vue de la célérité que de la réussite, est le suivant :

Le terrain étant défoncé ou remblayé, on fera, à la place que doit occuper l'arbre, un trou un peu plus grand que son volume de racines, et un peu plus profond que la hauteur de celles-ci prise depuis le collet. Pour tous les arbres de pépinière, c'est environ de 0m60 au carré sur 0m40 de profondeur. Si quelques racines sont plus longues, on a bientôt fait, au moment où on place l'arbre, de donner un coup de pioche ou de bêche dans le fond du trou pour les loger, en observant toutefois qu'elles ne se replient pas sur elles-mêmes. Les trous devront toujours être faits à l'avance, afin de ne pas retarder la plantation et que les racines restent le moins de temps possible exposées à l'air.

Pour accélérer l'opération, il faut au moins trois hommes, l'un qui tiendra l'arbre et que j'appelle le planteur, et les deux autres pour jeter la terre.

Le planteur place l'arbre au milieu du trou, et avec l'outil dont on se sert, la bêche ou la pelle-creuse pour les terrains légers, et la pioche pour les terres fortes, les deux aides jetteront la terre sur les racines, en choisissant la plus fine, tout autour de l'arbre qu'on plante. Afin qu'elle garnisse mieux les racines, au fur et à mesure que le trou se remplit, le planteur soulève l'arbre par petites secousses, afin que la terre vienne bien remplir les vides entre les petites racines, que l'air n'y pénètre pas, et que les radicelles qui se formeront bientôt après la plantation, trouvent immédiatement leur nourriture. Si dans l'arrachage ou dans l'emballage, quelque grosse racine a été trop fortement endommagée, le planteur devra la couper un peu au-dessus de l'endroit luxé; c'est une précaution à prendre pour les grosses racines seulement. Je la recommande, car il y a toujours

danger à laisser une racine qui doit se pourrir inévitablement.

Le collet de l'arbre arrivé à la hauteur du sol, le planteur doit tasser un peu la terre avec le pied, pour consolider l'arbre, et de plus, en assolant ainsi la terre, éviter que l'air puisse y pénétrer, ce qui aurait pour résultat de dessécher les petites racines.

Pour les plantations qui se font alors que la saison est avancée, il est indispensable d'arroser les arbres aussitôt plantés, afin que l'eau, en pénétrant dans la terre, facilite le garnissage des petites racines, qui souffriraient bientôt de la chaleur, et souvent de la sécheresse dont nous souffrons à cette époque. Quand les plantations sont faites à l'automne, et même dans le courant de l'hiver, la pluie qui tombe dans cette période de temps se charge de ce soin.

La plantation des arbres isolés demande une autre préparation : la dimension du trou devra être en rapport avec la grosseur du sujet qu'on veut transplanter. Pour les arbres de pépinière il devra avoir au moins un mètre au carré et autant de profondeur; on aura soin de mettre la terre provenant de la surface, et jusqu'à la profondeur où elle est bonne encore, sur un côté du trou, et celle du fond sur le côté opposé, assez éloigné du bord pour ne pas gêner l'opération du remblai. Il sera bon que les trous soient faits quelque temps à l'avance, afin de faire aérer la terre qu'on en extrait, ce qui la rendra plus meuble, partant plus propre à la plantation.

Le moment de la plantation arrivé, on devra procéder au remblai. L'ouvrier descendra dans le trou, et avec une pioche abattra les côtés sur une largeur de 0^m40 à 0^m50, et à une profondeur égale à celle de la bonne terre; de cette façon le trou sera remblayé presque en entier de bonne terre; celle extraite du trou devant servir à la plantation, l'arbre sera donc planté en entier dans la bonne terre; on devra avoir soin de bien la faire briser en remblayant, pour éviter les cavités. A côté de l'avantage de procurer de la bonne terre à l'arbre qu'on veut planter, on lui donne beaucoup plus de guéret par l'agrandissement du trou.

On aura soin de tenir l'arbre un peu haut en le plantant, à cause du tassement des terres, et tenir compte de celui-ci, suivant la nature du sol, les sables tassant peu, les terres calcaires et argileuses tassant bien davantage.

L'arbre planté devra être butté de 0^m15 à 0^m20 environ au-dessus du collet et sur une largeur d'un mètre, mais en déclivant pour arriver à zéro; cette butte disparaîtra au fur et à mesure du tassement, et l'arbre se trouvera alors au point ou il devra être. En ne tenant pas compte du tassement, on s'expose à avoir l'arbre planté trop profond, ce qui nuit à son développement et souvent est une cause de non-réussite.

Dans les terrains trop mouillés on aura soin d'enlever l'eau qui se trouverait dans le trou avant d'en faire le remblai, et tenir l'arbre un peu plus haut que dans ceux où il n'y en aurait pas.

De tous les modes de plantation, celui à trou est le plus défectueux. Dans les terrains friables où les arbres peuvent facilement faire pénétrer leurs racines, l'inconvénient n'est pas aussi grand que dans les sols durs, mouillés l'hiver et qui durcissent l'été. Le trou fait cuve, et souvent les arbres y périssent par l'eau qui s'y ramasse et fait pourrir les racines; aussi sera-t-il bon, indispensable même, de planter très haut, et souvent au-dessus du sol, afin d'éviter que l'eau atteigne les racines, et butter alors très fortement.

Dans la plantation des arbres en ligne pour former avenue ou quinconce, il sera préférable de faire ouvrir un fossé sur toute la longueur de la ligne, lequel devra avoir au moins un mètre de largeur; dans ce cas, on pourrait aller un peu moins profond, 0^{m}80 seraient suffisants, et pour le remblai procéder de la même façon et tenir toujours compte du tassement.

L'emploi du terreau n'est pas indispensable; cependant, lorsque la terre est de médiocre qualité, la reprise sera bien aidée par celui-ci, surtout pour les arbres plantés isolément; ceux plantés en massif ayant la terre beaucoup plus mélangée, et le plus souvent ayant reçu une certaine quantité de terre transportée, le terreau leur est inutile. Je ne veux pas dire toutefois que ce ne soit une bonne chose, mais je la considère comme une dépense superflue et ne pouvant donner une plus grande végétation, eu égard à la quantité qu'on y pourrait mettre. Je ne parle ici que des plantations d'une certaine importance : en recouvrant le sol d'une couche de 0m20 à 0m25 de terreau, on obtiendra beaucoup comme végétation; mais cela n'est praticable que sur une petite échelle et ne peut en aucun cas remplacer le défoncement.

CHAPITRE V

Disposition des arbres.

Je ne parlerai pas des plantations en massif ou en groupe qui sont du ressort des praticiens, quant aux essences et à leur disposition; mais les plantations en ligne, qui le plus souvent sont faites par le propriétaire lui-même, feront le sujet de quelques indications.

Les grands arbres mis en ligne, tels que les Ormeaux, les Platanes, Marronniers, etc., etc., devront être distancés de 8 à 10 mètres les uns des autres. Comme ils seront longtemps avant de garnir l'intervalle existant entre eux, et qu'on est toujours pressé de jouir d'une plantation, on pourra en doubler le nombre, c'est-à-dire en planter un autre entre chacun des premiers plantés, avec la pensée de les arracher plus tard alors que ceux-ci auront pris assez de développement, toujours assez tôt pour éviter qu'ils ne se déforment.

On pourrait choisir, pour remplir ce but, des arbres à croissance plus rapide, soit, pour les terrains secs : les Érables, Négondos, Catalpas, etc.; pour les terrains frais : les Peupliers d'Italie, de la Caroline, etc., mais qui ne seront jamais considérés que comme garniture et ne devront en aucun cas prendre la place des Ormeaux, Chênes, Tilleuls, Platanes, etc., qui sont des arbres d'avenir et de durée et dont l'effet est grandiose.

CHAPITRE VI

Du remplacement.

Lorsque, dans une avenue ou quinconce, on remplace un arbre mort planté depuis longtemps déjà, le trou qu'on fera pour le recevoir devra avoir une plus grande dimension que pour une plantation nouvelle, et la terre devra être complètement changée afin de détruire autant que possible le principe morbide existant dans la précédente, et l'arbre sera remplacé par une essence différente. On réussira moins bien en replantant la même espèce, non que le sujet ne puisse reprendre, mais il se développera plus difficilement, et sa végétation ne durera qu'en raison de la terre neuve qu'on lui aura donnée. On devra tous les ans ouvrir une tranchée étroite, mais assez profonde, de chaque côté de l'arbre et sur le bord du trou dans le sens de la ligne, afin d'éviter que les arbres voisins ne viennent envahir de leurs racines le terrain préparé pour le remplaçant. La tranchée devra être immédiatement comblée, l'opération n'ayant pour but que de couper les racines, et cette opération devra être répétée jusqu'à ce que l'arbre soit assez fort pour se défendre lui-même.

Quand la mortalité se produit par cause de vieillesse, mieux vaut procéder au remplacement par section, ou mieux par une plantation nouvelle, plutôt que de remplacer individuellement. Dans ce cas, on ouvrira de larges fossés qui, en même temps qu'ils donneront davantage de guéret, faciliteront aussi l'arrachement des vieux arbres et permettront de bien purger le sol des racines de ceux-ci, qui pourraient devenir un danger pour la nouvelle plantation.

Si le sol est salpêtreux, ce qui est l'ordinaire dans les villes, que les remblais proviennent de vieilles constructions ou plus souvent des fuites de gaz, il devra être changé en entier. Si au contraire il ne contient aucun principe morbide, le défoncement que donnera le travail des fossés suffira; cependant une addition de terreau sera nécessaire pour vivifier un peu ce sol usé par les vieux arbres qui y existaient.

Si on peut, en certains cas, se dispenser de changer la terre, il n'en est pas de même de l'essence, qui, dans tous les cas, devra être autre que celle qui existait précédemment. Le terrain, neuf pour une autre espèce d'arbre, se trouve usé pour la même par les vieux sujets qui y ont vécu longtemps et en ont absorbé les sucs qui leur étaient propres.

Il est assez ordinaire que les arbres remplacés individuellement ne vivent que peu d'années et qu'on soit encore obligé de les remplacer de nouveau alors que les anciens continuent à mourir; ce qui fait qu'après avoir travaillé pendant dix ans à regarnir une avenue, on peut être un peu moins avancé que lorsqu'on a commencé et qu'il restait encore quelques-uns des anciens. En procédant par section, commençant par l'extrémité où il y a le plus de vide, et en faisant chaque année, ou même tous les deux ans, une de ces sections, on aura reconstitué son avenue sans presque s'en apercevoir. Quand on plantera la dernière partie, la première sera formée d'arbres déjà venus, et l'opération, comme réussite, ne saurait être douteuse.

CHAPITRE VII

Du choix des essences.

Le choix des essences ne doit pas être subordonné à la fantaisie ou au caprice de celui qui plante, mais bien à la qualité du sol. Il faut se persuader que, quelque chose qu'on fasse et quelque amélioration qu'on y apporte, on ne fera jamais qu'un arbre qui ne peut venir que dans un terrain frais vienne également bien dans un terrain sec, et que ceux qui prennent beaucoup de développement plantés dans un sol qui leur convient, ne restent maigres et rachitiques dans celui qui leur est contraire. De là, souvent, des reproches immérités au pépiniériste sur la qualité des arbres vendus quand on a voulu faire son choix soi-même, sans s'enquérir s'ils étaient susceptibles de réussir à la place qu'on leur destinait.

Dans la nomenclature des arbres, j'aurai soin d'indiquer le terrain qui leur convient le mieux, mais non pas cependant d'une manière absolue; car telle espèce peut réussir également bien dans un terrain sec et dans un terrain frais. L'avantage sera toujours en faveur de ce dernier comme développement; et je dirai même que tous les arbres réussissent dans les terrains frais, mais non mouillés, à base siliceuse, et que c'est dans ces terrains-là qu'on voit les plus beaux sujets de toutes les espèces. Il ne faut cependant pas croire qu'il n'y ait que ces terrains qui puissent produire de beaux arbres;

pris individuellement, on en voit de superbes partout, dans toute espèce de terre et d'exposition, mais c'est l'exception ; et on tomberait dans une profonde erreur en pensant que parce que dans tel endroit et tel terrain il est venu un très beau Tulipier ou un beau Châtaignier, on puisse en faire toute une plantation. Le sujet qui a réussi a trouvé quelque veine de terre, la seule peut-être qui existe à une grande distance, et que sur cent sujets un autre ne rencontrerait pas.

La classification en arbres pivotants et en arbres traçants ne peut également être prise dans un sens absolu, car tel arbre pivotant dans une terre profonde étendra forcément ses racines dans celle qui le sera peu, et *vice versâ*. J'appellerai seulement *traçant* tout arbre qui, mettant des racines peu profondes, produit des pousses ou drageons, tels sont les Peupliers, Ormeaux, Ailantes, etc. Les uns les produisent tout naturellement, tandis que pour d'autres ces pousses n'arrivent que par suite de section ou contusion des racines.

———

CHAPITRE VIII

Du choix des sujets.

La bonne réussite des plantations dépend beaucoup du choix des sujets qu'on plante, et fréquemment, avec l'espoir d'arriver plus vite, on plante de gros arbres. Généralement, pour ne pas dire toujours, c'est le résultat contraire qu'on obtient; la reprise, toujours lente et difficile, exige non seulement beaucoup de soins pour la plantation, mais encore des soins continus et assidus durant la première année et souvent plusieurs années encore.

Quelques essences peuvent supporter plus facilement la transplantation ayant atteint déjà une certaine grosseur : tels sont les Marronnier d'Inde, Tilleul de Hollande, tandis que le Chêne et l'Ormeau sont beaucoup plus difficiles. Néanmoins, quoiqu'on réussisse à faire reprendre les gros arbres, on n'en fera jamais des sujets vigoureux; mieux vaut en planter de jeunes, on est toujours sûr d'arriver à une belle végétation avec ces derniers.

La force des sujets varie beaucoup selon

l'essence, et l'âge de la transplantation n'est pas le même pour tous. Les Marronniers, Tilleuls, Ormeaux, etc., seront dans de bonnes conditions de réussite à l'âge de sept à huit ans, mesurant de 0^m10 à 0^m15 de circonférence prise à un mètre de hauteur au-dessus du collet, alors que le Chêne, le Tulipier, etc., pour être dans les mêmes conditions, ne devraient avoir que de quatre à cinq ans au plus et de 0^m08 à 0^m10 de circonférence.

La première condition de réussite est de planter des sujets sains et vigoureux, exempts de plaies et de cicatrices, et bien développés dans toutes leurs parties; ils ne peuvent s'obtenir que dans un bon terrain. On objecte souvent que transplantés dans un mauvais sol, des sujets venus dans un très bon terrain ne peuvent réussir, et qu'il faudrait prendre des sujets élevés dans un terrain similaire. Il est matériellement impossible d'élever de jeunes arbres dans un mauvais terrain, et fût-il possible d'y parvenir à force de soins, que pour avoir des sujets de même grosseur, il faudrait plus du double de temps, et l'âge qu'ils auraient atteint à ce moment les rendrait impropres à être transplantés. Que les soins pris pour l'élève du sujet viennent à lui manquer après sa mise en

place, sa réussite sera plus que douteuse
ne pouvant rien donner par lui-même, tandis
qu'un sujet jeune et vigoureux apporte en lui
une somme de vitalité qui aide et facilite sa
reprise.

CHAPITRE IX

Des Tuteurs.

Les tuteurs devront être choisis suivant la
force du sujet qui doit être tuteuré; il le faut
plus fort que ce dernier, mais non dans des
proportions exagérées : moitié en plus me paraît
bien suffisant.

Le bois de pin injecté est le meilleur comme
tuteur; cependant je ne le conseillerai pas dès la
première année, le tuteur qui sera employé à ce
moment devant être insuffisant souvent au bout
d'un an, sûrement à la deuxième année; aussi
sera-t-il préférable d'employer des tuteurs
ordinaires pour cette première opération, et
d'attendre le deuxième tuteurage pour employer
les bois injectés.

Les liens devront être renouvelés tous les ans

et pour quelques arbres plus souvent, suivant la vigueur avec laquelle ceux-ci poussent et grossissent, afin de ne pas laisser entamer l'écorce, ce qui provoque un étranglement. Souvent un arbre est cassé par un coup de vent, qui ne l'aurait été s'il n'eût offert un endroit plus faible produit par une compression du lien qui a empêché l'arbre de grossir à cet endroit.

Pour éviter cette compression, on emploie un petit tampon de paille ou de mousse; quand les arbres sont gros, un morceau de cuir (vieille semelle) est préférable; on le place sur l'arbre et on le prend avec le lien pour serrer contre le tuteur; l'arbre se trouve ainsi entre le tuteur et le tampon. Mais il arrive souvent que la paille pourrit vite et que, l'arbre grossissant, l'inconvénient que j'ai signalé se produit; aussi je ne saurais trop recommander l'inspection des liens. Pour qu'un arbre soit bien tuteuré, il faut qu'il soit serré contre son tuteur; s'il n'en était pas ainsi, le frottement qui se produirait sous l'action du vent occasionnerait des plaies.

Le tuteur devra être placé de manière à projeter son ombre sur l'arbre vers deux heures de l'après-midi, afin de le préserver contre les coups de soleil; pour certaines essences, Marronniers, Châtaigniers et Tilleuls, etc., cette précaution n'est souvent pas suffisante, dans les terrains secs surtout. Il est nécessaire alors d'habiller l'arbre dans toute la longueur de la tige jusqu'aux premières branches; ce vêtissement se fait avec de la paille, ou mieux avec du jonc, du foin, de la bauge, qu'on assujettit avec des liens, et si faire se peut on mouillera de temps en temps cette enveloppe, afin de maintenir la fraîcheur de l'écorce et faciliter la circulation de la sève. Cette précaution est indispensable pour la transplantation des gros arbres; mais il est bon, avant de les envelopper, de pratiquer le long de la tige, à partir des premières branches jusqu'au ras du sol, cinq à six incisions longitudinales et de les enduire d'une couche de compost appelé *onguent de Saint-Fiacre*. Cet onguent est composé comme suit :

1/3 Bouse (excrément de vache),
1/3 Chaux éteinte,
1/3 Cendre lessivée,

qu'on mélange ensemble de façon à en former une sorte de mortier, qu'on appliquera également sur les plaies, ce qui activera la circulation et la formation des lèvres destinées à recouvrir les cicatrices.

Les tuteurs sont inutiles aux gros arbres; on devra les tenir avec des fils de fer attachés aux deux tiers environ de la hauteur du sujet, après avoir toutefois enveloppé l'endroit où le fil de fer prendra son point d'attache, avec de minces planchettes ou copeaux, ou des morceaux de vieilles semelles qui s'adapteront beaucoup mieux sur l'arbre; l'autre extrémité du fil de fer sera attachée à l'extrémité supérieure d'un pieu en bois dur de 0m75 à 0m80 de longueur, fiché en terre de la moitié de sa longueur; les pieux, au nombre de trois, seront disposés en triangle autour de l'arbre et à distance jugée nécessaire suivant la hauteur de celui-ci et un peu inclinés en dehors; on enfoncera ces pieux à l'aide d'un maillet pour faire raidir les attaches, jusqu'à ce que l'arbre soit parfaitement assujetti, en ayant soin de le tenir bien d'aplomb.

Le tuteurage n'est pas indispensable pour la réussite des arbres, cependant il lui vient en aide en empêchant le vent de les ébranler, leur fixité au sol étant nécessaire pour la formation des radicelles supérieures. Les arbres plantés en ligne ne peuvent s'en passer, pour les maintenir d'une manière exacte à leur place.

CHAPITRE X

De l'élagage.

L'élagage des arbres ne doit se faire qu'au fur et à mesure de leur croissance. On ne commencera jamais à le pratiquer qu'après quelques années de plantation, quand l'arbre est suffisamment assis et qu'il a assez grossi pour porter ses rameaux. Les branches poussant le long de la tige ont l'avantage d'attirer la sève, de la retenir, de faire grossir le sujet, de l'abriter du soleil et de prévenir les insolations auxquelles il est exposé.

Il faut cependant supprimer les plus grosses pousses qui viennent le long de la tige, comme absorbant une trop grande quantité de sève au détriment de la partie supérieure, et couper toutes celles venant au bas de l'arbre, jusqu'à un mètre de hauteur, afin de faciliter le travail de la terre. De plus, celles qui seront laissées devront être argottées (ou raccourcies) vers la dernière quinzaine de juin, afin d'éviter qu'elles ne prennent trop de développement. En un mot, on doit chercher à amuser la sève, pour qu'elle reste en partie dans la tige.

Pour les arbres qui ont déjà quelques années de plantation, cette opération se pratique à l'aide d'un croissant ou volant. On taille alors l'arbre en forme de colonne, un peu amincie vers le sommet; la longueur de la taille sera en proportion avec la grosseur et la vigueur du sujet, soit un mètre environ, en l'allongeant chaque année. Cette opération sera répétée trois ou quatre années consécutives, jusqu'à ce que l'arbre ayant suffisamment grossi, on puisse commencer l'opération de l'élagage ou remontage, qui ne devra se faire que progressivement ainsi qu'il a été déjà dit. Quelques arbres n'en ont pas besoin, parce qu'ils poussent court et régulièrement: tels sont les Marronniers, Noyers, Châtaigniers; il suffira pour ceux-ci de couper les branches qui tendraient à s'écarter.

On devra avoir soin tous les ans de dresser le guide et de ne laisser monter l'arbre que sur un seul, pour éviter les bifurcations qu'il faudrait supprimer plus tard, afin d'obtenir une tige droite sur la plus grande longueur possible; ce qui, joint à la beauté de l'arbre, en fait aussi sa valeur, car cette dernière est en raison du parti qu'on peut tirer de la bille.

Si, par suite de négligence, on n'avait pas guidé les jeunes arbres et qu'on voulût les redresser alors qu'ils sont arrivés à une certaine grosseur, ce que j'engagerai toujours à faire, plusieurs moyens peuvent être employés suivant les sujets à opérer. La suppression de quelques grosses branches suffira quelquefois, en ayant soin de tenir l'aplomb de l'arbre sans avoir égard à la grosseur de la branche qu'on laissera pour guide, choisissant toujours celle qui le dressera le mieux ; et afin de lui donner plus de force, on raccourcira les autres en faisant la section ras d'une petite branche, afin que l'arbre n'ait pas l'air d'être taillé.

Semblable opération pourra être pratiquée pour rajeunir de vieux sujets dont les extrémités des branches commencent à se dessécher. On se borne généralement à sortir le bois mort ; cela ne suffit pas et ne donne aucune vigueur à l'arbre. Il faut couper les grosses branches, suivant le volume de la tête, à 3, 4, 5 mètres du tronc, et d'une façon régulière autant que possible ; la forme ronde, un peu allongée vers le sommet, est celle qui convient le mieux. Toutes les cicatrices devront être recouvertes par un enduit qui empêche l'action de l'air ; plusieurs mastics sont propres à cet usage : mastic l'Homme-le-fort, mastic colle-forte, et le coaltar. Mais ce dernier ne devra jamais être employé que sur de vieux sujets dont le bois est dur; son action corrosive serait préjudiciable aux jeunes arbres.

Lorsque l'arbre est encore jeune et qu'il n'a pas de guide — je dis jeune jusqu'à vingt ans suivant les essences, — qu'il n'a pas encore pris un trop grand développement, et que les moyens que je viens d'indiquer ne peuvent être pratiqués, on devra alors chercher la branche la plus droite et la relever le long de la tige en la fixant à celle-ci à l'aide de liens solides; ne pas négliger de mettre des tampons de paille comme dans le tuteurage. On supprimera toutes les branches qui se trouvent au-dessus de celle qu'on aura relevée; on coupera la tige à 0m15 ou 0m20 au-dessus du lien, et on argottera fortement toutes celles qui sont au-dessous. Lorsque la branche qu'on aura redressée, et qui devra continuer la tige, aura pris sa direction verticale à la deuxième année, on coupera le tronçon de l'ancienne tige qui lui avait servi de tuteur au ras de la dite branche, et on le recouvrira de mastic. Dans le cas où aucune branche ne remplirait les conditions voulues pour pouvoir continuer la tige, on ne devra pas hésiter à couper toutes les branches grosses et petites ras du corps, ainsi que la tête au point où elle perd son aplomb; on obtiendra par ce moyen de jeunes pousses qu'on pourra diriger à son gré.

Le moment le plus favorable pour toutes ces opérations est la saison d'hiver — du mois de novembre au mois de mars, — alors que la végétation est complètement arrêtée et que les arbres sont dépouillés de leurs feuilles. Cependant ce travail n'est guère praticable dans les grands froids, et de plus il serait possible que le bois se gelât sur la coupe.

Il arrive souvent qu'on tient à conserver de vieux arbres qui sont devenus creux par suite de gouttières provenant de cicatrices faites, soit en coupant de grosses branches dont on n'a pas eu soin de recouvrir la plaie, ou plus souvent encore de branches cassées par le vent et qu'on n'a pas recoupées ou coupées trop long. Je ne saurais trop insister pour que toutes les grosses branches soient coupées aussi près du corps que possible; les chicots qu'on laisse finissent par pourrir et forment ces gouttières qui pourrissent les troncs. Au point de vue de l'agrément, c'est toujours très fâcheux d'avoir des arbres creux; mais au point de vue forestier, les conséquences sont bien autrement importantes.

Ces trous ou gouttières devront être nettoyés de tout le bois pourri, grattés même jusqu'au

vif et garnis avec du moellon, au mortier enduit
de ciment par dessus. On doit faire la même
opération aux arbres creux; on leur donne par
ce moyen plus de solidité; la végétation
augmente, la carie s'arrête, et l'on ne tarde
pas à voir l'écorce s'étendre en cherchant à
recouvrir la cicatrice.

J'ai déjà dit que les arbres ne devront être
élagués ou remontés, pour me servir du terme
consacré, que lorsque la tige sera assez forte
pour supporter sa ramure. Ce travail ne devra
se faire que peu à peu, c'est-à-dire ne couper
que quelques branches chaque année, et toujours
autant d'un côté que de l'autre, pour conserver
l'équilibre du sujet; toutefois, la partie élaguée
ne devra jamais être plus que de la moitié de la
hauteur totale; mais on ne devra atteindre à
cette hauteur qu'après huit ou dix années de
plantation; — et si à partir de ce moment
la hauteur élaguée est suffisante, soit pour
dégager la vue ou permettre la libre circulation
de l'air dans la partie inférieure, mieux vaudra
laisser l'arbre garni et ne supprimer que les
branches qui tendraient à prendre trop de
développement, afin d'allonger la bille et lui
conserver sa grosseur uniforme sur la plus
grande longueur possible. Je ne parle ici

que des arbres destinés à venir en haute
futaie.

CHAPITRE XI

De la taille des arbres adultes.

Il y a quelquefois intérêt, au point de vue
ornemental, à tenir les arbres garnis de branches
depuis la base ou à une hauteur déterminée :
tels sont ceux qui devront former des rideaux,
charmilles, berceaux, etc. Ceux-là devront être
taillés tous les ans, mieux encore deux fois, vers
la fin juin et dans l'hiver, afin de les tenir plus
garnis. Cette opération se pratique à l'aide du
croissant. Comme la coupe se fait tous les ans
un peu plus longue, il sera nécessaire, tous les
dix ans au moins, quelquefois plus tôt, suivant
que cette taille (tonte) a été pratiquée avec plus
ou moins d'habileté ; on aura besoin, dis-je, de
rapprocher les branches, c'est-à-dire les couper
plus près du corps de l'arbre, afin que le rideau
soit mieux garni, et éviter par là que le sujet
ne s'amaigrisse. Cette opération se fait avec le
sécateur ou la scie, en ayant soin de plomber
chaque branche pour connaître exactement

l'endroit où devra se pratiquer la section. Pour cela faire, on tend un cordeau sur la terre, à la distance de la ligne des arbres où on veut ramener les branches, et on plombe dessus. Ce travail ainsi mené, on aura un rideau bien uni qu'on n'obtiendrait pas sans ce moyen.

Il arrive fréquemment qu'un arbre pousse plus vigoureusement d'un côté que de l'autre, soit que les racines trouvant plus de nourriture s'y développent davantage, ou qu'il se trouve plus abrité; on devra, dans ce cas, raccourcir les branches de ce côté, afin de rejeter la sève sur le côté opposé, ce dont il ne tardera pas à profiter, et chercher le plus possible à équilibrer l'arbre. Il est rare qu'après avoir répété cette opération deux ou trois fois, on n'obtienne ce résultat, d'autant plus avantageux que si la tête est maigre d'un côté, la tige ou tronc l'est également.

CHAPITRE XII

De la taille des arbres en les plantant

Lorsque les arbres sont élagués trop jeunes ou plantés trop épais en pépinière, on oblige la tige à s'allonger, on l'empêche de grossir; et alors, sous peine de les tenir constamment tuteurés, le poids de la tête, la tige n'offrant pas suffisamment de résistance, les fait courber, et souvent la tête traîne à terre en faisant décrire un arc à la tige.

Le seul moyen d'y remédier est de supprimer la tête; pour cela, il faut juger de la force du sujet et le couper à la hauteur qui offrira assez de raideur pour que la tige se tienne droite; la longueur de 3 mètres à 3 mètres 30 est celle généralement adoptée. Il ne faut pas croire que l'arbre ne puisse venir très-beau malgré cette opération : témoin l'avenue de Paris à La Bastide, plantée en ormeaux qui ont subi une opération semblable après la quatrième année de leur plantation.

Autrefois on coupait la tête à tous les arbres qu'on plantait. La mode veut aujourd'hui qu'on les plante dans toute leur longueur. Est-ce mieux? est-ce plus mal? Je ne saurais me prononcer, et je laisse ce soin à plus savant que moi. Ce qu'il y a de certain, c'est que nous voyons de beaux arbres plantés à l'ancienne mode; donc, elle n'était pas si défectueuse.

J'aurai toujours plus de confiance dans la reprise d'un arbre dont la tête aura été supprimée ou du moins beaucoup amoindrie (je parle de jeunes sujets sortant des pépinières et non de ceux déjà gros; pour ceux-ci, c'est tout l'opposé qu'il faut pratiquer, la quantité de sève contenue dans la tige et les grosses branches, ne trouvant où s'épancher, opérerait sa retraite, c'est-à-dire descendrait vers les racines pour ne plus remonter, et l'arbre se dessècherait; il faut donc pour ces gros arbres avoir soin de ne couper ni petites ni grosses branches), que dans celle d'un arbre auquel on n'aura coupé aucune branche, la sève ayant beaucoup de difficultés à arriver aux extrémités alors qu'elle est encore peu abondante.

Les feuilles sont un agent de la végétation, non pas en raison de leur quantité, mais bien de leur grandeur. Une petite quantité de feuilles peut donc offrir une bien plus grande surface si elles sont grandes et bien développées, qu'une plus grande quantité si elles sont petites et rachitiques; et comme l'activité de la végétation est en raison de la foliation, il y a intérêt à obtenir des feuilles plus grandes, ce qui ne peut avoir lieu en laissant toutes les petites branches qui constituent la tête d'un sujet et qui, pour la plupart, se dessèchent dès la première année.

Pour quelques essences à végétation plus lente, le moyen est inutile : tels sont les Marronniers d'Inde, Noyers, Frêne à fleur, etc., qui sont toujours suffisamment corsés en raison de leur hauteur. Il n'en est pas toujours de même des Ormeaux, Platanes, Ailantes, etc., qui, poussant plus vite, sont longs pour leur grosseur.

On ne devra donc pas hésiter à raccourcir les sujets qui, trop peu corsés pour leur longueur, seraient incapables de supporter leur tête; et pour ceux qui, plus corsés, n'auraient pas besoin de cette opération, je ne saurais trop engager à couper les bouts des branches et même à en suprimer quelques-unes, si les têtes sont trop touffues pour que l'air y puisse circuler librement, ce qui facilitera beaucoup la foliation.

Comme complément à ces diverses instructions, il ne me reste plus qu'à indiquer les soins à donner aux nouvelles plantations au point de vue de la reprise du sujet.

Il est nécessaire, indispensable même, de ne pas laisser durcir la terre. Dans les plantations faites en massifs, il faut donner des binages fréquents, et sur toute la surface, à peu de profondeur (0^m10 sont suffisants), non seulement

pour détruire les mauvaises herbes qui pourraient pousser, mais pour tenir la terre meuble
afin qu'elle profite de la fraîcheur de la nuit
et qu'elle puisse s'approprier les gaz ambiants.
Ces binages devront être d'autant plus fréquents
que la terre sera plus forte et qu'elle aura plus
de tendance à se durcir. Les terres argileuses
calcaires ou graveleuses sont dans ce cas.

Les arbres plantés isolément devront également
être travaillés fréquemment sur une largeur
égale au trou qui a été fait pour la plantation.

Les arrosages sont également bons, mais à la
condition de les continuer et non d'y procéder
accidentellement; toutefois il est un moyen de
les rendre moins fréquents, tout en maintenant
la fraîcheur à la terre, c'est de pailler le pied
de l'arbre sur une largeur d'au moins 0^{m}50; le
fumier est le meilleur paillis qu'on puisse
employer.

Comme conclusion : maintenir la terre meuble
et fraîche au pied de l'arbre.

—

DEUXIÈME PARTIE

CATALOGUE

———

ARBRES DE HAUTE TIGE ET DE MOYENNE GRANDEUR

—

Acacia commun (*Robinia pseudo-acacia*), de la Virginie, famille des Papillonnacées, arbre de 10 à 12 mètres de hauteur, tronc droit, branches et rameaux cassants, feuilles pennées vert tendre; fleurs blanches en grappes pendantes, très odorantes.

Les terrains sablonneux et frais sont ceux qui lui conviennent le mieux et où il atteint tout son développement. Cependant, il vient en tout terrain, mais préférablement dans les légers, à la condition qu'ils ne gardent pas l'eau. On le cultive en taillis ou en étaux, qu'on coupe tous les cinq ans pour faire des échalas pour la vigne; c'est le bois le plus apprécié pour cet emploi. Précieux pour garnir les talus à cause de ses racines traçantes et qui retiennent parfaitement les terres; aussi est-il très utilisé dans ce cas.

Le bois de tronc est employé par la carrosserie

et le charronnage. Immergé pendant une année, il devient incorruptible pour poteaux de barrières. Culture forestière d'un bon rapport.

— **boule** ou **inermis**, sans épine, greffé sur tige du précédent, de 2 à 3 mètres de hauteur, forme une tête arrondie qui devra être taillée tous les deux ou trois ans, afin de la maintenir garnie. Sans cette précaution, elle prend trop de développement et, en raison de son bois cassant, est souvent brisée par le vent. Très ornemental pour les jardins de peu d'étendue.

— **visqueux** (*R. Viscosa*), de la Caroline, épineux seulement sur les pousses de l'année; rameaux verruqueux, rouge-brun, visqueux; feuilles pennées un peu moins grandes que dans le commun, d'un vert plus sombre; en juillet, fleurs rose pâle en grappes pendantes, également un peu moins grandes. Vient à peu près de la même grandeur que l'acacia commun, mais a l'aspect toujours plus grêle; réussit dans les mêmes terrains.

— **rose** (*R. Hispida arborea*), de la Caroline, plus connu sous le nom de *Macrophylla*, greffé en tête, forme, comme l'*Inermis*, une boule moins bien garnie et moins régulière; a besoin d'être taillé tous les ans afin d'éviter qu'il ne se dégingande et que le vent ne le brise; feuilles pennées plus grandes que celles des précédentes variétés; rameaux courts, gros; rouge-brun presque glabre; au printemps, en même temps que les feuilles, fleurs roses, grandes en grappes pendantes; très ornemental. Ce n'est qu'une variation de l'*Hispida,* lequel n'est cultivé que comme arbuste, étant un peu plus petit dans toutes ses parties, et son bois encore plus cassant.

Les semis d'acacia commun ont produit plusieurs bonnes variétés cultivées au point de vue ornemental seulement, et que l'on greffe sur l'acacia commun; tels sont le *Tortuosa,* connu également sous le nom de *Pendula,* venant au moins aussi grand, sinon plus, que le commun; d'une croissance encore plus rapide; rameaux tortueux, quelquefois pendants dans son jeune âge; fleurs blanches à grappes pendantes, un peu plus petites que dans le commun. L'arbre se tient garni et a un port magnifique; sa vigueur fait qu'il réussit en tous terrains.

—**pyramidal** (*pyramidalis*), a les rameaux presque droits, fastigiés, et le port du peuplier d'Italie très vigoureux aussi; fleurs blanches à grappes pendantes, plus petites que dans le commun.

—**de Decaisne** (*Decaisneana*), variété très vigoureuse, surtout dans son jeune âge; fleurs roses, mais qui menacent de ne pas maintenir cette couleur à mesure que l'arbre prend de l'âge.

— à une feuille (*unifolia*), très vigoureux, aussi à feuille simple, d'où lui vient son nom, grande, vert tendre.

Plusieurs autres variétés, mais peu cultivées : *Spectabilis, Utenarthi,* etc.

— de Constantinople (*Acacia Julibrizin, mimoza Julibrizin*)**,** fam. des Mimozées de l'Asie occidentale, arbre de demi-grandeur, racine pivotante, tête large ; feuilles grandes bipennées très élégantes, aussi grandes dans l'ensemble que celles de l'acacia, mais infiniment plus détaillées ; en juin-juillet, fleurs blanches rosées, d'un aspect ravissant ; odeur très douce ; arbre très ornemental ; terrain léger, chaud ; réussissant mal dans les terres compactes ; gèle quelquefois, mais rarement lorsqu'il a atteint l'âge adulte.

Arbre de Judée, Gainier commun (*Cercis siliquastrum*)**,** fam. des Césalpinées, de l'Europe australe ; arbre de demi-grandeur à bois tortueux ; feuilles grandes en cœur arrondi ou réniformes avant les feuilles ; fleurs en petits bouquets très rapprochés sur le vieux bois et même sur le tronc, d'un beau rose, d'un très joli effet ; l'arbre en est littéralement couvert ; bois dur, racine pivotante ; les terres sèches. Il y a une variété à fleurs blanches.

Arbre de Neige (*Chionanthus Virginica*)**,** fam.

des Oléinées; arbre petit, plus souvent en arbrisseau; feuilles grandes, oblongues; fin mai, fleurs très nombreuses, d'un beau blanc, disposées en grandes grappes; l'arbre s'en couvre complètement, d'où lui vient son nom; terre franche, mieux fraîche.

Aulne, Vergne (*Alnus glutinosus*), fam. des Bétulinées; arbre de 20 mètres, très rameux; feuilles larges, arrondies, obtuses; vient bien dans les terrains marécageux, où on le plante sur les bords des fossés pour retenir les terres; vient aussi dans les terres sèches et calcaires, mais moins bien cependant. Le bois est employé par les sabotiers; l'écorce peut servir à tanner le cuir. On cultive la variété à feuille en cœur, plus ornementale pour les jardins.

Boîs de Sainte-Lucie, Mahàlep (*Cerasus Mahalep*), fam. des Rosacées, arbre de troisième grandeur; feuilles ovales, arrondies, un peu pointues; en mai, fleurs blanches, odorantes, en carymbe; fruits noirs ou rouges comme une petite cerise, non mangeables; terres franches et sèches; ne dure pas dans les terrains mouillés; bois dur, propre au tour ou à l'ébénisterie.

Bouleau commun (*Betula alba*), fam. des Bétulinées, grand arbre; feuilles petites, pointues; branches s'infléchissant légèrement; écorce d'un

blanc éclatant et lisse sur les jeunes sujets, rugueuse sur les vieux arbres; très ornemental,
mais réussissant rarement bien; les terrains frais
et marécageux lui sont les plus favorables; il
vient aussi dans tout autre terrain, mais il y
acquiert moins de développement. C'est plutôt un
arbre du Nord que de nos contrées; cependant
nous possédons des sujets relativement beaux
de cet arbre. On en cultive quelques autres
variétés, mais d'une végétation plus maigre encore : tels sont les *B. populifolia* à larges feuilles;
B. laciniata à feuilles laciniées, mais très délicat;
B. purpurea à feuilles pourpre, mais trop nouveau
pour pouvoir être apprécié.

Catalpa (*Bignonia Catalpa*), fam. des Bignonia-
cées, de la Caroline, demi-arbre, à tête arrondie;
feuilles grandes, en cœur; en juin-juillet, fleurs
blanches, tachées de pourpre et de jaune, en
larges panicules. Les terres riches et légères sont
celles qu'il préfère; il vient cependant dans les
terres franches. Il se dégarnit en prenant du
développement; pour obvier à cet inconvénient,
on le taille tous les quatre ou cinq ans; il repousse
avec vigueur sur les coupes. Bois léger et suscep-
tible d'être poli.

Charme commun (*Carpinus Betulus*), fam. des
Quercinées, arbre indigène, grand; racines pivo-

tantes, rameaux nombreux, feuillage épais et d'un vert brillant; très employé autrefois, et encore de nos jours, pour faire des rideaux ou des berceaux appelés à cause de cela charmilles; très rustique et réussissant en tous terrains. Son bois très dur, plein et blanc, est employé par les formiers; on en fait aussi des vis; de première qualité pour bois de chauffage. Il fait très bon effet intercalé dans les plantations de chênes et réussit mieux que celui-ci dans les terrains calcaires et secs.

Châtaignier commun (*Castanea vesca*), fam. des Quercinées, indigène, un des plus grands arbres de nos contrées et dont la vie est la plus longue; racines pivotantes; feuilles assez grandes, ovales, pointues, fortement dentées en scie; fleurs en chaton; au mois de juin, fruits recouverts d'une enveloppe épineuse, dont on le débarrasse en frappant sur le tas à l'aide d'un bâton ou en le roulant sous les pieds. Cet arbre acquiert un grand développement, et c'est bien celui qui offre les plus forts sujets; ne réussit bien que dans les terres légères et fraîches, les sables vifs, les terrains argilo-siliceux; son bois est employé pour la construction. On le cultive en champ et par planches relevées, en laissant une rouille ou caniveau entre chaque. La plantation se fait en quinconce espacé de 2 mètres, soit deux rangs ou trois au plus sur chaque planche. On le coupe ras de terre à la deuxième ou troisième année de plantation, suivant la vigueur des sujets, afin de lui faire former souche qu'on coupe ensuite tous les cinq ou six ans pour faire des feuillards ou cercles ; les échalas ou carrassonnes de châtaignier, ceux de vieux bois surtout, sont très estimés pour la vigne et ont une longue durée.

On cultive plusieurs variétés de châtaigniers dont le fruit, plus beau et meilleur, est connu sous le nom de *marrons ;* les principales sont le châtaignier marron de Lyon et celui de Lusignan. Avoir soin, quand on les plante, d'entourer la tige de paille, car ils sont très susceptibles aux coups de soleil. Ne pas les tailler en les plantant.

Chêne commun, Chêne blanc *(Quercus pedunculata, Quercus robur),* fam. des Quercinées, indigène, arbre de première grandeur, tige droite, tête élargie, port majestueux, acquérant de grandes dimensions ; c'est sans contredit le plus beau de nos arbres ; feuilles oblongues, profondément découpées, très glabres ; fruits appelés *glands,* disposés en grappes ; racines pivotantes ; venant en tous terrains, mais préférablement dans les terres franches, profondes, et mieux les sables frais ; bois dur, le meilleur de son genre, propre à tout emploi On le cultive en taillis pour bois de chauffage ; les coupes se font en moyenne tous les dix à douze ans.

Jusqu'à ces derniers temps on ne replantait pas le chêne, prétendant qu'il ne réussissait pas ; c'est une erreur, et une erreur des plus grandes. Le chêne réussit à l'égal de n'importe quelle essence, et les arbres replantés viennent aussi beaux que les sujets laissés sur place. Ce qui avait pu accréditer ce préjugé, c'est qu'on ne s'était servi, pour faire des plantations de chênes, que de sujets provenant des éclaircies qu'on faisait alors qu'ils avaient quinze ou vingt ans, sujets malingres et rachitiques, puisqu'on laisse toujours les plus beaux en place, et de plus très mal racinés.

Le chêne ne peut réussir qu'en plantant des sujets jeunes, trois à quatre ans, cinq ans au plus, bien développés et bien racinés, conditions qui ne peuvent se trouver que dans des arbres cultivés à cet effet et non dans les semis. Il pousse ordinairement peu les deux ou trois premières années de plantation, mais au bout de dix ans il est certainement aussi beau que quelque essence que ce soit, essences à bois dur, le platane excepté. Il serait à désirer qu'on l'utilisât davantage dans les grandes plantations d'agrément et sur les routes; il remplacerait très avantageusement (au moins dans certaines localités) les malingres ormeaux dont les feuilles sont constamment rongées, celles du chêne étant à l'abri de cette dégradation.

—**rouvre** ou **noir** (*Quercus sessiflora*), rarement

aussi grand que le précédent, tronc moins droit; feuille plus entière et d'un vert plus noir, se dessèche à l'hiver, mais reste sur l'arbre, lequel ne se dépouille que peu de jours avant que paraisse la nouvelle pousse, qui est toujours en retard d'au moins quinze jours sur les autres; aussi n'est-il pas rare de voir le chêne blanc feuillé à nouveau quand le rouvre est encore garni de ses vieilles feuilles.

— **tauzin** (*Quercus tauzia*), tronc moins élevé; racines traçantes; feuilles très profondément divisées, velues ou duvetées en dessous; réussit dans les plus mauvaises terres. Son bois, ainsi que celui du précédent, est le plus estimé pour le chauffage.

— **pyramidal** (*Quercus fastigiata*), feuilles plus allongées, moins épaisses, à pétioles plus courts; la disposition de ses branches rapprochées de la tige, comme dans le peuplier d'Italie duquel il a le port, venant très haut et se tenant parfaitement garni. Arbre du plus bel effet dans les jardins paysagers. Tous terrains.

— **vert, yeuse** (*Quercus ilex*), arbre d'une végétation lente, tortueux et très branchu; on a besoin de diriger la tige quand on veut le faire monter; feuilles petites, persistantes, fermes, coriaces, dentées, piquantes; d'un bel effet dans l'ornementation des jardins; vient très vieux et atteint alors de grandes dimensions. Terrains secs et friables.

⌐**liége** (*Quercus suber*), arbre de moyenne grandeur, à feuilles persistantes; son écorce extérieure constitue le liége. Les départements voisins en ont des plantations très considérables comme exploitation. Sa teinte grise, désagréable à l'œil, fait qu'on l'emploie peu pour l'ornement des jardins. Végétation lente, l'arbre reste souvent plusieurs années avant de s'élancer.

Chênes d'Amérique. Plusieurs espèces ou variétés dont les principales sont : Chêne blanc (*Quercus alba*), écorce blanche; feuilles profondément découpées, à lobes arrondis à la partie supérieure, lisses, d'un vert tendre.

Chêne à gros fruit (*Quercus . macrocarpa*); feuilles plus grandes, légèrement pubescentes ou duveteuses en dessous, découpées en lobes inégaux; glands plus gros que ceux des autres espèces.

Chêne écarlate (*Quercus coccinea*), chêne rouge (*Quercus rubra*), sont remarquables par la teinte rouge vif que leur feuille prend à l'automne; moins vigoureux dans leur jeunesse.

Tous ces arbres réussissent dans tous les sols, excepté ceux argileux et marneux, se fendant l'été. Les terrains sablonneux et frais sont ceux qui leur conviennent le mieux ; ils atteignent dans ceux-ci de très grandes dimensions. Leur forme est une pyramide à large base ; leurs grandes feuilles luisantes, la teinte rouge qu'elles prennent à l'automne et leur beau port, font de ces arbres le plus bel ornement des jardins paysagers.

Chicot bonduc, Chicot du Canada *(Gymnocladus Canadensis)*, fam. des Césalpinées, arbre de demi-grandeur, racine pivotante, cime régulière ; feuilles très grandes, bipennées ; de très joli aspect ; réussit en tous terrains ; très peu répandu.

Érable sycomore *(Acer pseudo-platanus)*, fam. des Acérinées, indigène, grand arbre à tige droite, tête arrondie ; feuilles grandes, divisées en cinq lobes, d'un vert foncé, ressemblant assez, sauf la teinte, à la feuille du platane, appelé à cause de cela *faux platane*. Très bel arbre quand il se développe bien ; pour cela, il lui faut un terrain riche et profond ; reste maigre et rachitique dans les sols secs et durs.

—plane *(Acer platanoides)*, originaire du Nord, presque aussi grand que le précédent, un peu plus maigre, je devrais dire plus fin dans toute sa structure ; ses feuilles un peu plus petites que dans l'espèce précédente, d'un vert moins foncé, prenant une teinte jaune et chaude à l'automne, en font un des arbres les plus ornementaux pour les parcs et jardins paysagers; réussissant bien dans les terrains secs et chauds, moins bien dans ceux calcaires et durs; son bois est très apprécié pour l'ébénisterie.

—**champêtre** (*Acer campestris*), moins grand que les précédents; feuilles petites, à cinq lobes; tige courte, tête diffuse, large et touffue; vient en tout terrain. On en fait des plantations en charmilles dans les terrains secs et chauds où le charme réussirait moins bien; se prête parfaitement à la taille; on s'en sert aussi pour remplacer les vides qui se font dans les vieilles charmilles.

—**rouge de Virginie** (*Acer rubrum*), grand et bel arbre de l'Amérique du Nord, formant une forte tête; feuilles demi-grandes, blanches en dessous; en avril, petites fleurs rouges très nombreuses avant les feuilles; peu répandu.

—**négondo** (*Acer negondo*), de l'Amérique du Nord, grand arbre d'une croissance rapide, mais se dégingandant et surtout se dépouillant au fur et à mesure de sa croissance; peu ornemental; supportant parfaitement la taille; aussi l'utilise-t-on pour en faire des berceaux et des charmilles ainsi que des rideaux élevés qui viennent très vite; cultivé, comme l'acacia, en taillis ou en étau, pour faire des coupes régulières; son bois est de première qualité et remplace celui de l'acacia pour les échalas de la vigne. Il réussit bien dans les terrains marécageux, où on pourrait se livrer à cette culture avec fruit. Les terrains secs lui conviennent également; il y pousse, il est vrai, avec moins de vigueur, mais son bois, qui est très estimé pour la carrossèrie, est de bien meilleure qualité.

Plusieurs variétés de cette espèce sont cultivées comme plantes d'ornement à feuilles panachées, très jolies et très ornementales; à feuilles crispées, etc.

Févier d'Amérique, Acacia triachantos (*Gleditschia triachantos*), fam. des Césalpinées, grand arbre originaire du Canada, racines pivotantes; feuilles bipennées, légères, beaucoup plus petites dans toutes leurs parties que celles de l'acacia; épines nombreuses, même sur le tronc, longues et multiples; fleurs peu apparentes; grandes gousses plates et brunes renfermant avec les graines une sorte de mélasse dont les enfants sont très friands; réussit bien dans les terrains maigres, secs et chauds. On en fait des haies là où l'aubépine ne peut réussir, mais comme pour cette dernière, il faut planter sur un seul rang, et à 0m10 de distance sur le rang.

Quelques autres variétés, mais très peu répandues : *Inermis,* sans épine, et *de Bujot,* à rameaux pendants, feuilles très étroites.

N'était le désagrément des épines qui en rendent l'approche dangereuse, ce serait certainement un des beaux arbres à employer pour plantation sur les routes ; son peu d'exigence sur la qualité du sol et la légèreté de ses feuilles le rendraient précieux pour cet emploi. Il est vrai qu'avec un peu de soin, qui consisterait à enlever les épines le long du tronc, ou le rendrait inoffensif.

Frêne commun *(Fraxinus excelsior),* fam. des Oléinées, arbre de première grandeur, racine traçante ; feuilles grandes, ailées, avec impaire, folioles lancéolées ; fleur sans pétale ne produisant aucun effet ; d'une croissance rapide dans les terrains marécageux, où il atteint de grandes dimensions. Son bois est utilisé par la carrosserie et est celui, de tous ceux que produit le pays, qui a le plus de valeur ; il est peu utilisé comme ornementation ; c'est sur cet arbre que se trouve la cantharide. Réussit dans les terrains frais, calcaires ou siliceux.

Plusieurs de ses variétés sont très ornementales.

—**à bois doré** *(aurea),* dont l'écorce et les nervures des feuilles sont jaunes ; n'est jamais très vigoureux.

—**à bois jaspé** (*jaspida*), écorce jaspée de raies jaunes sur un fond vert; vigoureux et très beau port.

—**à une feuille** (*monophylla*), feuille simple, grande; vigoureux et beau port.

—**pleureur** (*pendula*); ses rameaux poussent comme ceux du saule pleureur; on le greffe en tête sur le *F. commun*, en dirigeant ses rameaux à l'aide de cerceaux qu'on agrandit progressivement au fur et à mesure de sa croissance; on en fait des cabinets complètement fermés, les rameaux venant toucher la terre, et qui peuvent acquérir de très grandes dimensions. Comme toutes les autres variétés, il préfère les terrains frais.

—**à fleur** (*Fraxinus ornatus*), arbre de demi grandeur, de forme arrondie, se couvrant au mois de mai de fleurs blanches disposées en grappes légères, mais tellement abondantes, que bois et feuilles naissantes disparaissent complètement sous cette avalanche de fleurs; très ornemental; réussit bien dans les terrains secs. C'est cette espèce, mais surtout une de ses variétés, qui produit la manne dans des climats plus chauds.

Hêtre commun (*Fagus sylvatica*), fam. des

Quercinées, arbre de première grandeur, racines pivotantes, tronc droit, cime conique; majestueux, bien garni de feuilles luisantes d'un vert gai; réussissant bien dans les terrains calcaires et frais, chose rare dans nos contrées; aussi les beaux sujets de cette essence sont-ils clairsemés. Je crois que le soleil brûlant que nous avons l'été est le plus grand obstacle à son développement, car j'ai remarqué que ses sommités étaient souvent brûlées, tandis que dans le Nord où ces accidents n'arrivent jamais, il se développe avec une vigueur remarquable. Se plaît dans les sables frais et profonds. Son bois est employé pour l'ébénisterie et la sculpture. Quelques variétés sont cultivées comme arbres d'agrément.

— **à feuilles pourpre** (*purpurea*), qu'il ne faut pas confondre avec celui à feuilles cuivrées, qui est beaucoup moins foncé; feuilles grandes, rouge vif dans leur jeunesse, passant au rouge foncé noirâtre; arbre vigoureux et atteignant de grandes dimensions, très ornemental, fort peu difficile sur la nature du sol. Plusieurs autres variétés, mais peu répandues : *à feuilles de fougère, pleureur,* etc.

Lilas des Indes (*Melia Azedarach*), fam. des Méliacées, arbre de demi-grandeur; feuilles bipennées, d'un vert un peu sombre; en juin, fleurs en grandes panicules ayant la couleur et l'odeur du lilas; terrains secs et chauds; gèle dans son jeune âge, mais arrivé à l'âge adulte supporte très bien les hivers rigoureux; très ornemental. Les limaçons sont très friands de son écorce, même arrivé à une certaine grosseur; si on n'a soin de l'en débarrasser, ils le pèlent entièrement, et l'arbre se dessèche.

Liquidembard copal (*Liquidembard styraciflua*) de l'Amérique du Nord, grand arbre, racine pivotante, tronc droit, ramure conique se dénudant au fur et à mesure de sa croissance; feuilles palmées à cinq lobes un peu pointus, d'un vert tendre, passant au rouge vif à l'antomne, époque où il est d'un effet ravissant; ne réussit bien que dans les terrains frais, préférablement les marais et les landes fraîches et profondes; cependant j'en ai vu de beaux dans des terrains calcaires, mais c'est l'exception.

Magnolia grandiflora, fam. des Magnoliacées, de la Caroline; racines pivotantes; arbre de moyenne grandeur, tige droite, conservant ses branches depuis sa base, affectant la forme d'une pyramide; feuilles grandes, ovales dans la variété *Rotundifolia,* lancéolées dans les autres, épaisses, coriaces, luisantes sur la face supérieure, et recouvertes d'un duvet roux sur la face inférieure dans la majeure partie des sujets; de mai à novembre, fleurs d'environ 0ᵐ20 de diamètre, très odorantes, d'un blanc pur; à l'intérieur, un fort faisceau d'étamines jaune doré; fruit appelé *cône* dans lequel sont les graines en cellules séparées, lesquelles s'ouvrent et les laissent s'échapper; graine de la grosseur d'un haricot aplati rouge vif, qui reste suspendue par un filament; le fruit prend lui-même du côté du soleil une teinte rouge qui fait très bon effet.

Tout dans cet arbre concourt pour en faire le plus bel ornement des jardins; d'une croissance assez rapide dans les terrains siliceux, profonds et frais; plus lente dans les terrains alumineux; réfractaire aux terrains calcaires. Il réussit généralement dans les terrains de remblais, mais ne se développe entièrement que dans ceux à base siliceuse.

Les hivers très rigoureux lui sont préjudiciables, surtout lorsque la neige est persistante; les feuilles sont alors brûlées; il se dépouille presque en entier et ne reprend sa bonne mine qu'au mois de mai et juin; dans ce cas il n'est pas rare de voir périr les jeunes sujets. Les semis ont produit plusieurs variétés, ou pour mieux dire des variations de cette espèce, qui sont dans le commerce; mais la différence en est si peu sensible, qu'on ne saurait y attacher aucune importance; cependant les sujets dont la feuille est peu ou point ferrugineuse, c'est-à-dire dont la face inférieure n'a pas ce duvet roux qui caractérise l'espèce, sont plus sujets à se brûler sous l'action du soleil, et la neige leur est aussi plus préjudiciable.

Plusieurs variétés à feuilles caduques dont les principales sont :

—**parasol** (*Magnolia tripetala*), arbre de demi grandeur, à très grandes feuilles de 0m40 à 0m50 de longueur, ondulées; en juin, fleurs grandes, blanches, peu odorantes.

—**yulan,** arbre de demi-grandeur; feuilles ovales de 0m15 à 0m20 de longueur; en avril, avant la feuille, fleurs blanches et odorantes. La variété *Soulangiana* est à fleurs pourpres extérieurement.

—**glauque** (*Magnolia glauca*), moins grand que les précédents; feuilles ovales, oblongues, glauques en dessous; en juin et septembre, fleurs blanches et odorantes.

Toutes ces espèces, ainsi que plusieurs autres qui ne sont que des arbrisseaux, réussissent très mal dans notre climat, peu de sols pouvant leur convenir et l'action du soleil étant trop forte pour eux; cependant, on en voit de très beaux échantillons, mais ils sont rares.

Marronnier d'Inde (*Æsculus Hippocastanum*).

3

fam. des Hippocastanées, grand arbre de l'Inde, racines pivotantes, tronc droit, branches étendues, tête arrondie ; feuilles digitées à cinq ou sept folioles ; en mai, fleurs en grappes droites formant des pyramides blanches, maculées de pourpre. Ce bel arbre fut introduit en Europe en 1550 et s'est tellement bien acclimaté qu'on le trouve partout, et ce n'est pas dommage, car c'est bien un de nos plus beaux arbres. On en fait des avenues, quinconces, etc. Il est certainement un des plus beaux pour l'ornementation des pelouses et massifs dans les jardins paysagers.

Son bois, tendre et spongieux, est de peu de valeur.

Variété à fleurs doubles dont la grappe est plus forte, formant à elle seule un bouquet qu'on dirait composé de jacinthes à fleurs doubles ; — une autre variété à feuilles panachées de blanc mais dont la panachure n'est pas très constante. Ces deux variétés paraissent aussi vigoureuses que le type.

— **à fleurs rouges** (*rubicunda*), arbre de demi grandeur, feuillage plus étoffé et tête plus arrondie que dans le Marronnier d'Inde; fleur rouge carmin un peu pâle, fleurissant dès son jeune âge ; très ornemental.

Le Marronnier réussit en tous terrains, mais ceux qu'il préfère sont les sols profonds. La tige, dans son jeune âge, est sujette aux coups de soleil, surtout dans les terrains secs; ainsi est-il nécessaire de les envelopper.

Mérisier à grappe (*Cerasus padus*), fam. des Rosacées, arbre de troisième grandeur, feuilles assez semblables à celles du cerisier, bois grêle; en mai, fleurs blanches, en grappes pendantes d'un fort joli effet; fruits en grappes, rouges d'abord, moins ensuite, semblables à de petites cerises; les terres légères et chaudes lui conviennent.

Du même genre : le Cerisier à fleurs doubles, venant plus grand, et le Mérisier à fleurs doubles ou Renonculier, plus petit, à fleurs très doubles et formant des bouquets très élégants.

Micocoulier de Provence (*Celtis australis*), fam. des Celtinées, grand arbre, racines pivotantes, tronc droit; rameaux divergents, ponctués et grisâtres; écorce lisse, jeunes pousses pubescentes; feuilles petites, ovales-oblongues, dentées, d'un vert un peu foncé, plus blanches en dessous, ce qui donne à l'arbre une teinte grisâtre; fleurs petites, verdâtres, peu apparentes; fruit de la grosseur d'un gros pois, noir, et dont les grives sont très friandes; réussissant en tous terrains, mais il est surtout précieux pour les sols arides, secs et chauds, où il se plaît admirablement bien.

Cet arbre n'est pas assez connu; il prend

un très grand développement; sa forme est
arrondie, se tient bien. Tous ces avantages
devraient le faire rechercher pour la plantation
des places publiques et des grandes routes où le
terrain est de mauvaise qualité. Aucun insecte
n'attaque ses feuilles. Sa végétation, un peu
lente, mais sûre, fait que la tige grossit toujours
en raison de la tête et que l'arbre peut très vite
se passer de tuteurs; n'est jamais renversé ni
couché par le vent.

— **d'Orient** ou de **Tournefort** (*Celtis orientalis*),
moins grand que le précédent; feuilles un peu
plus grandes, d'un vert plus gai; à rameaux
pendants; d'une végétation plus rapide; vient
également en tous terrains.

Mûrier blanc (*Morus alba*), fam. des Morées,
d'Asie, arbre de demi-grandeur; racine traçante,
tronc peu élevé, branches diffuses; feuilles
obliquement en cœur, souvent irrégulièrement
découpées; fruits blancs; se plaît dans les terrains
secs et chauds. C'est sa feuille, ainsi que celle de
quelques autres variétés : *Multicaule* et *Moretti,*
qui sert de nourriture aux vers à soie. On plante
aussi cet arbre dans les basses-cours pour y
retenir la volaille, à cause de l'abondance de ses
fruits, dont elle est très friande.

— **à fruit noir** (*Morus nigra*), un peu moins

grand que le précédent; feuilles entières en
cœur, rudes, plus grandes que dans le Mûrier
blanc; fruits également plus gros, d'un rouge
noirâtre, tout à fait noirs à leur maturité; peu
répandu.

—de Chine, à papier *(Broussonnetia papyri-
fera),* arbre de troisième grandeur, à feuilles très
irrégulières sur le même sujet, ce qui a fait dire
qu'on ne trouverait pas deux feuilles semblables
sur le même arbre; ses fleurs, échelonnées le long
des jeunes branches à l'aisselle des feuilles, d'une
fort jolie couleur orange, font un très bel effet;
réussit bien dans les terrains secs et chauds.

Le bois du Mûrier est très dur; je ne sache pas
qu'il soit employé dans l'industrie. Il est d'une
longue durée pour piquets fichés en terre.

Noyer commun *(Juglans regia),* fam. des Juglan-
dées, grand arbre, racine pivotante, tronc droit
et lisse; cime arrondie; feuilles ailées, à folioles
ovales et lisses, la fleur en chaton est d'un
vert jaunâtre; son fruit est l'objet d'un grand
commerce dans quelques départements voisins;
son bois est très estimé pour l'ébénisterie. Les
terrains à sous-sol frais sont ceux qui lui conviennent le mieux; il ne réussit pas dans les terrains
calcaires et secs. Les hivers rigoureux lui causent
quelques dommages, cependant il est rare qu'ils
le détruisent.

—noir d'Amérique *(Juglans nigra),* très grand arbre, tronc élevé, droit, rugueux; cime arrondie, un peu pyramidale; feuilles très longues, ailées, composées de quinze à dix-neuf folioles, répandant une odeur pénétrante lorsqu'on les frotte entre les doigts; son fruit, immangeable, est une noix rugueuse, dont les cloisons sont ligneuses et très dures. Ce bel arbre est d'une végétation rapide et son bois est très estimé pour le même usage que le précédent. Il réussit partout, même dans les terrains secs et chauds. Il est d'un bel effet comme arbre d'ornement et pourrait être utilisé comme arbre d'avenue et sur les routes. Son feuillage est à l'abri des insectes.

—pacanier *(Juglans olivaformis),* grand arbre ressemblant un peu au précédent, plus ténu; le fruit, en forme d'olive, est très bon; il ne fructifie que dans un âge avancé; très peu répandu.

Ormeau ou **Orme** *(Ulmus campestris),* fam. des Ulmacées, arbre de première grandeur, racine traçante, tronc gros et fort, écorce rugueuse et crevassée, très rameux; feuilles petites, alternes, ovales, pointues, sèches et un peu ridées; propre à la plantation des avenues, quinconces, routes. On le plante aussi sous le nom d'*Ormille* pour faire des rideaux, berceaux, etc., comme la charmille, qu'il ne vaut pas à cause de l'inconvénient qu'ont ses feuilles d'être dévorées par les chenilles. Son bois est de grande valeur pour le charronnage; il est également estimé comme bois de chauffage, mais on ne fait servir à cet emploi que les arbres défectueux, soit ceux gelés, ou lorsque, par suite d'amputations mal faites, il s'est formé des gouttières.

C'est un arbre qu'il faut élaguer au fur et à mesure de sa croissance pour lui faire former une belle bille, mais toujours en tenant compte des observations contenues au chapitre ÉLAGAGE. Il vient en tous terrains, excepté ceux durs, secs et chauds; on obvie à l'inconvénient des premiers en entretenant la terre meuble au moyen de binages répétés, et cela pendant son jeune âge; pour les autres, inutile de chercher à y remédier.

C'est certainement l'arbre de nos contrées sur lequel les insectes produisent le plus grand ravage; ses feuilles sont la plupart du temps rongées par plusieurs espèces de chenilles, au point de ne plus laisser que les nervures des feuilles, lesquelles se dessèchent et tombent laissant l'arbre presque dépouillé. Dans tous les terrains frais, il se refeuille aussitôt que l'insecte a disparu; mais il n'en est pas de même pour ceux venus en terrain plus sec, qui ne se refeuillent ordinairement qu'à la pousse d'août. Lorsque cette épidémie d'insectes dure plusieurs années consécutives, le sujet maigrit et souvent meurt.

Mais ce n'est pas son seul ennemi. Les Scolytes et les Cossus lui sont encore plus redoutables; quand ils prennent possession d'un sujet, c'est un arbre perdu, à moins qu'on ne les détruise. Le seul moyen d'y arriver est d'écorcer l'arbre, c'est-à-dire de le peler en entier, pour arriver jusqu'au vif sans l'entamer; c'est au-dessous de l'écorce que ces insectes ont pris leur habitat et forment leurs galeries, qui finissent par couvrir d'une manière complète toute la tige de l'arbre. Lorsque le sujet est jeune et vigoureux, il arrive, par son exubérance, à refermer les galeries, et souvent à cause de cela l'insecte l'abandonne; mais il n'en est pas de même des sujets âgés, et c'est toujours sur ceux qui offrent le moins de végétation qu'ils se portent de préférence. Cette opération de l'écorçage doit se faire aussitôt qu'on s'aperçoit de la présence des insectes; écorçage partiel s'il n'y en a que peu, général si l'arbre est envahi. Il serait bien de badigeonner avec des huiles lourdes, étendues de 95 parties d'eau, toute la surface mise à nu; ce badigeonnage aurait l'avantage de détruire les œufs ou larves que la râclette n'aurait pas fait tomber.

—**tortillard,** n'est qu'une variété ou variation du précédent, dont il se trouve toujours une certaine quantité dans les semis, lorsque le voisinage de quelque autre espèce ne l'a pas hybridé.

—**à feuilles panachées** (*U. varieyata*), aussi grand que le précédent, plus vigoureux ; feuilles plus grandes, gaufrées et panachées de blanc dans son jeune âge ; d'un port plus droit, plus élégant, formant une tête plus compacte, affectant un peu une forme ovoïde ; réussit dans les terres sèches ; très ornemental pour les jardins paysagers.

—**à larges feuilles** (*U. latifolia*), moins grand que les précédents ; tronc droit, rameux ; tête large ; feuilles grandes, rudes et bien fournies ; comme le précédent, réussit dans les terres sèches.

Quelques autres variétés : *Ormeau pleureur* à rameaux pendants ; *O. pyramidal,* affectant la forme pyramidale ; *O. à demi-feuille,* appelé aussi *Ypreau ;* réussissant mal et ne faisant jamais de beaux arbres.

Paulowina (*Paulowina imperialis*), fam. des Scrofulariées, du Japon, arbre de demi-grandeur ayant beaucoup de rapport avec le *Catalpa* par ses feuilles et son port. Il est d'une croissance remarquable dans sa première jeunesse ; il n'est pas rare de lui voir faire des pousses de trois à cinq mètres dans une année ; ses feuilles atteignent à ce moment-là jusqu'à 0m75 de longueur et la moitié au moins en largeur. Cette exubérance se calme bientôt, et ses feuilles alors ne sont guère plus grandes que celles du *Catalpa ;* ses boutons se forment à l'automne, à l'extrémité des pousses de l'année; ils n'épanouissent qu'au printemps avant la feuille; les fleurs, d'un joli bleu, rayées de deux lignes jaunes et ponctuées de brun, forment un beau panicule pyramidal de 0ᵐ20 à 0ᵐ30 de hauteur. Les hivers rigoureux gèlent les boutons. Réussit en tous terrains.

Peuplier blanc, ypreau, blanc de Hollande (*Populus alba*), fam. des Salicinées, grand arbre, racines traçantes, tronc droit et élevé; branches fortes formant une belle tête; feuilles arrondies, dentées, anguleuses, vert foncé en dessus, blanches et cotonneuses en dessous; d'un très bel effet pour la décoration des jardins paysagers, grands parcs, etc. Il réussit en tous terrains, mais ne prend son entier développement que dans les sols frais. Il est l'ennemi des prairies, à cause de ses nombreux drageons qui poussent jusqu'à une grande distance.

— **tremble** (*Tremula*), arbre grand, tige droite, élevée; feuilles arrondies, dentées, anguleuses, d'un vert tendre; le pétiole de ses feuilles étant comprimé au lieu d'être arrondi, offre moins de raideur et fait qu'au moindre vent ses feuilles sont agitées : de là le nom de *Tremble* qu'on lui a donné. Terrains humides.

— **noir**, vulgairement **Brûle** (*P. nigra*), arbre grand, tiges fortes, rameaux étalés, feuilles un peu triangulaires. Terrains humides.

Ces deux espèces, surtout cette dernière, sont très répandues et garnissent les bords de la majeure partie des cours d'eau ; elles réussissent en plantant de longues branches de trois ou quatre années appelées *lattes* et qu'on étête la deuxième année de leur plantation. Ces deux espèces de peupliers sont d'une grande ressource dans les campagnes pour la construction. Le bois est très bon, à la condition d'être à couvert.

—d'Italie, pyramidal *(P. pyramidalis, fastigiata),* grand arbre à tronc droit, élevé ; branches fastigiées et garnissant la tige depuis le bas ; feuilles ovales, pointues, un peu en losange ; propre à former des avenues et très ornemental ; d'une croissance rapide dans les terrains frais ; vient aussi dans les terres sèches à sous-sol argileux. Pour le conserver dans toute sa beauté, il faut avoir soin de faire étausser (couper) toutes ses branches près le tronc dès qu'on s'aperçoit qu'elles commencent à se dégarnir, ce qui arrive ordinairement au bout de quinze à vingt ans de plantation, et répéter cette opération tous les cinq à dix ans suivant la végétation. Son bois est également bon pour la construction.

—de la Caroline *(P. angulata),* gros et grand arbre, tige élevée, rameaux anguleux ; feuilles grandes, cordiformes, dentées et glanduleuses à la base ; d'une végétation très rapide. Ses feuilles et son bois cassant font qu'il est très maltraité par le vent; aussi ne voit-on guère de ces arbres âgés. Son bois est le plus beau de tous ses congénères, sa végétation rapide le fait employer pour intercaler entre les grands arbres d'une venue plus lente, avec la pensée de les enlever aussitôt que ces derniers auront pris un certain développement, d'autant plus que la vente de ces arbres ne peut que procurer un bénéfice certain.

Le département du Lot-et-Garonne le cultive en grand comme produit en bois; il est vrai qu'il y croît d'une manière remarquable et que la vente de ces arbres exploités en planches y donne de très beaux résultats.

Il existe quelques autres espèces, mais très peu répandues dans nos contrées, où du reste elles réussissent assez mal : tels sont le Peuplier du Canada *(P. Canadensis)*, du lac Ontorio *(P. Ontariensis)*, de Suisse ou de Virginie *(P. monilifera)*.

—**pleureur** *(P. pendula)*, à rameaux pendants; très ornemental pour les jardins paysagers.

La vie des Peupliers n'est pas d'une longue durée; aussi est-il bon de les exploiter avant que la décrépitude arrive ou lorsqu'on s'aperçoit que par suite de la rupture de quelque branche ou toute autre cause, il est menacé de s'y former quelque gouttière; dans ce cas, son bois tendre est aussitôt attaqué, et c'est l'affaire de peu de temps; souvent quelques mois suffisent pour gâter une tige.

Plaqueminier d'Orient, d'Italie (*Diospyros lotus*), fam. des Obénacées, arbre de troisième grandeur, tige droite, branches presque horizontales, feuilles lancéolées entières; fruit, une baie ronde aplatie, mangeable après que la gelée y a passé dessus.

— de Virginie (*D. Virginiana*), vient plus grand que le précédent; branches un peu moins étalées; feuilles plus grandes, fruit également un peu plus gros que le précédent.

Ces deux espèces ne réussissent bien que dans les terrains légers, frais préférablement.

Platane d'Orient (*Platanus orientalis*), fam. des Platanées, arbre de première grandeur, racine pivotante, tronc droit et élevé, écorce lisse se détachant par grandes plaques; feuilles grandes, palmées, recouvertes de duvet en dessous. Réussit dans tous les terrains, mais préfère ceux frais et profonds, dans lesquels il prend des proportions gigantesques; ses feuilles, grandes, ne se détachant que lentement, le font éloigner des habitations à cause de l'encombrement qu'elles produisent; pourrissant difficilement, ou pour mieux dire ne pourrissant pas du tout, on profite d'une journée sèche pour en faire de petits tas auxquels on met le feu; c'est le moyen le plus pratique de s'en débarrasser. Son bois est surtout employé dans la carrosserie et l'ébénisterie, pour placage. C'est certainement un de nos plus beaux arbres et dont la végétation soit des plus rapides.

—**d'Occident** (*P. occidentalis*); ressemble au précédent, avec des feuilles moins profondément découpées ; se développe moins bien, plus difficile sur la nature du sol, très peu répandu.

Saule pleureur *(Salix Babylonica)*, fam. des Salicinées, arbre de demi-grandeur, racine traçante, tige peu élevée, rameaux grêles et pendants ; feuilles longues et étroites, propres à garnir le bord des pièces d'eau ; du reste, le voisinage de cette dernière lui est indispensable. Il n'est pas de longue durée, et son bois, mou, est sujet à la pourriture.

—**blanc** ou **Aubier** *(S. alba)*, qu'on plante en lattes dans les marais et qu'on tient en étau pour faire des échalas pour la vigne. Cet arbre, livré à lui-même, atteint une grande hauteur ; mais on le traite peu ainsi, son bois étant de nulle valeur.

Sophora du Japon *(S. Japonica)*, fam. des Papilionacées, grand arbre à racine pivotante, tronc droit ; vert tant qu'il est jeune, devenant blanc à l'âge adulte ; rameaux grêles ; feuilles pennées à folioles impaires comme l'acacia ; en juillet, fleurs

blanches, odorantes, en panicules droites; sa
végétation est assez lente, surtout dans son jeune
âge; réussit dans les terres sèches et chaudes.
Dans son jeune âge, la tige craint le soleil; aussi
sera-t-il d'une bonne précaution de l'envelopper
de paille les premières années de sa plantation.
Très joli et très ornemental.

— **pleureur** (*S. pendula*), variété du précédent,
dont les rameaux pendants traînent jusqu'à terre
à l'aide de cerceaux. On en forme des parasols,
cabinets, berceaux, etc.

Sorbier à fruit (*Sorbus domestica*), fam. des
Pomacées, arbre de demi-grandeur, racine traçante, tronc droit, formant une tête arrondie;
feuilles ailées, fleurs blanches. Les fruits, semblables à de très petites poires, ne mûrissent pas sur
l'arbre; on les dépose sur la paille, où ils complè-
tent leur maturation. Végétation lente, réussit
en tous terrains. Bois très dur et très beau, rare;
il est employé pour le tour.

— **des oiseaux** (*S. ocuparia*), arbre de demi-
grandeur; feuilles ailées, fleurs blanches en
corymbes; fruits petits, ronds, prenant une teinte
d'un beau rouge, ce qui le rend très ornemental;
végétation plus rapide que le précédent; réussit
en tous terrains, mais les sols frais lui conviennent
surtout.

Quelques autres variétés : *Hybrida, Americana*, etc., mais très peu répandues, ainsi que l'Alisier des bois *(Sorbus terminalis)* qu'on trouve dans les bois, mais peu ou pas cultivé.

Tilleul commun de Hollande (*Tilia platyphylla*), fam. des Tiliacées, grand arbre, racine traçante, tronc droit et élevé, rameaux gros et forts formant une forte tête; feuilles grandes en cœur, un peu arrondies; en juin, fleurs jaunâtres réunies en grappes, d'une odeur très agréable, mais fatigante à respirer longtemps. Fort bel arbre pour former avenues, quinconces, etc.: réussit bien dans les terrains frais, moins bien dans ceux plus secs où il perd ses feuilles de très bonne heure; souvent se refeuille à la fin d'août. Son bois est employé par la menuiserie et le tour.

Le Tilleul est un des arbres qui se transplantent en forts sujets avec succès. Le type de ce genre est *T. sylvestris,* à feuilles plus petites; n'est pas cultivé.

—**à feuilles argentées** (*T. argentea*), grand arbre, tronc droit, rameaux élancés et formant une tête un peu ovoïde; feuilles grandes, blanches et cotonneuses en dessous; floraison plus tardive, odeur moins pénétrante. C'est un des beaux arbres de nos contrées; très ornemental pour les jardins paysagers, conserve sa feuille très tard; réussit assez bien dans les terres de médiocre qualité; d'une végétation plus rapide, il mérite d'être répandu.

— **d'Amérique à large feuille** (*Tilia Americana*), grand arbre, tronc droit, plus trapu que les précédents; bois plus gros, plus court. L'ensemble de l'arbre affecte un peu la forme de l'oranger; feuilles très grandes, rugueuses et se conservant tard sur l'arbre; réussit dans les terres maigres et sèches.

Ces trois espèces forment de magnifiques arbres; mais dans leur jeune âge ils sont très sensibles aux coups de soleil; aussi est-il prudent d'envelopper les tiges de paille ou de bauge, afin d'éviter ces brûlures qu'on remarque sur les tiges des arbres, qui forment des plaies souvent difficiles à cicatriser, qui maigrissent beaucoup le sujet et souvent occasionnent sa mort.

Tulipier de Virginie (*Liriodendron tulipiferum*), fam. des Magnoliacées, grand arbre à racine pivotante, tronc droit élancé, port majestueux; feuilles grandes, glabres, à quatre lobes dont les deux supérieurs tronqués, on croirait la feuille coupée à l'extrémité; en juin, fleurs d'un jaune verdâtre, avec une tache orange dans le fond. Les terrains légers et frais sont ceux qui lui conviennent le mieux; cependant, on voit quelques beaux sujets dans des terrains forts et argileux; difficile à la reprise; ses racines, dépourvues de chevelu, en rendent la réussite très difficile. Originaire de l'Amérique du Nord, il est devenu chez nous un de nos plus beaux arbres d'ornement; tout en lui est beau : son port, ses feuilles, ses fleurs; ne craint ni la grande chaleur ni les grands froids. Les insectes n'attaquent pas son feuillage; il pousse avec assez de vigueur.

Vernis du Japon, ailante (*Ailantus glandulosus*), fam. des Zantoxylées, grand arbre, racines traçantes, tronc droit et élevé quand on a soin d'élaguer les branches pour le faire monter; a toujours une tendance à se bifurquer; il forme alors une belle tête arrondie de très bon effet; feuilles pennées, à folioles nombreuses, grandes; en juillet, fleurs verdâtres d'une odeur désagréable. Sa végétation est rapide, surtout dans un sol frais et léger; cependant, c'est aussi l'arbre des sables secs et chauds, où on pourrait l'utiliser en le traitant comme l'acacia pour faire des échalas pour la vigne; son bois est de longue durée dans la terre. Comme arbre ornemental, il offre le désagrément de beaucoup drageonner. On a cru pouvoir l'utiliser pour élever une espèce de vers à soie de la Chine, mais les essais qu'on a faits n'ont pas réussi. Son bois est fort beau; il est employé par l'ébénisterie.

Virgilier à bois jaune (*Virgilia lutea*, aujourd'hui *Cladastris tinctoria*), fam. des Papilionacées, arbre de demi-grandeur, tige peu droite, l'écorce brune ; feuilles pennées, grandes folioles ; en juin fleurs blanches en longues grappes pendantes ; est fort joli au moment de la fleur. D'une végétation un peu lente et d'une foliation relativement maigre, cet arbre n'a jamais l'air vigoureux ; très peu répandu.

CONIFÈRES

Araucaria imbriqué (*Araucaria imbricata*), du Chili, arbre d'un aspect singulier, plutôt curieux que beau ; tige assez forte, garnie de feuilles semblables à des écailles longues, piquantes ; branches entourant la tige, au nombre de trois à six, rarement plus ; comme celle-ci, donne naissance à une poussé verticale qui continue la tige et a une série de branches qui sont d'abord un peu ascendantes, puis horizontales, et enfin deviennent retombantes au fur et à mesure qu'elles s'allongent. De réussite difficile dans les terrains calcaires et argileux ; les terrains siliceux et frais lui conviennent mieux. On en plante quelques sujets dans les pelouses de jardins paysagers. Les plus anciens ont déjà atteint une certaine hauteur, ce qui permet de supposer qu'il prendra autant de développement que dans son pays natal; mais plusieurs générations se succèderont auparavant.

Cèdre du Liban (*Cedrus Libani*). Si le Chêne est le roi des arbres à feuilles caduques, le Cèdre du Liban est bien celui des Conifères. Arbre de première grandeur, affectant la forme pyramidale dans son jeune âge, plus tard s'élargissant dans sa partie supérieure, formant alors une large tête aplatie; branches toujours horizontales, raides, rarement pendantes; feuillage très vert et fort épais. C'est dans nos climats l'arbre résineux qui prend le plus grand développement, qui dure le plus; insensible au froid autant qu'à la grande chaleur, réussit en tout terrain; de grand effet dans les pelouses. Sa reprise est longue à faire; il reste souvent plusieurs années sans presque pousser; mais dès qu'il commence à partir, il a bientôt rattrapé et dépassé les sapins et autres arbres plantés en même-temps que lui.

—de l'Atlas (*Cedrus Atlantica*), variété du précédent; branches moins nombreuses, plus raides; feuilles d'un vert plus glauque; poussant beaucoup plus vigoureusement. Il se dépouille de ses feuilles vers le mois de février, et ne commence à se regarnir qu'au commencement d'avril. On ne peut encore savoir comment il se comportera en vieillissant, cette espèce étant de récente introduction dans nos contrées. Aussi rustique que le précédent.

Cèdre déodora (*Cedrus deodora*), de l'Himalaya, venant aussi grand que les précédents, au port plus gracieux; on peut dire que si les deux autres espèces représentent la force et la raideur, il représente, lui, la grâce et la souplesse. Il fait le plus bel ornement des pelouses; ses branches sont flexibles et pendantes, surtout aux extrémités; la teinte du feuillage, gris cendré, contraste très heureusement avec le vert gai des prairies ou celui très foncé des autres conifères. Il souffre du froid dans les hivers rigoureux, et il est rare, ainsi que pour tous les conifères, que lorsque le froid les a atteints, ils puissent se refaire. Réussit bien en tous terrains.

Cyprès horizontal (*Cupressus sempervirens, C. horizontalis*), arbre de demi-grandeur, très touffu, vert sombre, à rameaux étalés; forme pyramidale, souvent irrégulière; réussit en tous terrains, même les plus secs. Ce conifère prend dans nos contrées un grand développement et réussit là où aucun autre ne peut venir; très ancien dans le pays. La côte de Cenon a été couverte autrefois de ces arbres, d'où lui vient son nom de *Cypressac;* il en reste encore quelques-uns, vieux débris de son ancienne

splendeur, de ce temps où les navires n'entraient
jamais dans notre port sans être couronnés d'un
rameau coupé dans cette forêt séculaire.

—**pyramidal** *(Cupressus fastigiata)*, arbre de
demi-grandeur, formant une pyramide très
élancée; feuillage vert sombre très épais; c'est
celui qui est employé pour la plantation dans les
cimetières; atteint un grand âge; tout terrain
lui convient.

—**torulosa** *(Cupressus torulosus)*, feuillage plus
léger et moins sombre que celui des précédents;
réussit moins bien et craint également les grands
froids et les grandes chaleurs. Notre climat ne
lui est pas favorable.

—**glauque** *(Cupressus glauca pendula)*, très bel
arbre à branches étalées et retombantes, feuillage
plus gros que dans les espèces précédentes; sa
teinte glauque, presque bleue, produit un effet
remarquable; malheureusement, il ne peut pas
supporter nos hivers rigoureux.

—**funéraire** *(C. funebris)*, franchement pyramidal, à branches retombantes arrivé à l'âge adulte;
très souvent brûlé par le soleil, craint aussi les
grands froids.

—**à gros fruit** *(C. Macrocarpa, C. Lambertiana)*,
fort bel arbre; feuillage fin, couleur vert tendre;

répandant une forte odeur de citron quand on froisse les feuilles; d'une végétation très rapide; réussit en tous terrains, mais craint les grands froids.

Cyprès chauve, Cyprès de la Louisiane (*Taxodium distichum*), grand arbre de l'Amérique du Nord, à racines traçantes; tige droite; forme une pyramide régulière; branches horizontales, garnies de feuilles légères, planes et distiques ressemblant un peu à celles de l'if, mais plus longues, plus légères, et d'un vert pâle; elles tombent à l'automne. Son bois est rougeâtre; sur ses racines naissent des excroissances qu'on nomme *genoux* et qui ressemblent assez à des pierres brutes; elles prennent quelquefois de grandes dimensions. Cet arbre, un des plus ornementaux, ne vient que dans les terrains frais préférablement mouillés; aussi est-il beaucoup employé pour la décoration des pièces d'eau; il atteint un grand développement.

Ginkgo à deux lobes, Arbre aux quarante écus (*Gingho biloba, Salisburia adiantifolia*), grand arbre pyramidal, tronc droit, branches presque verticales; feuilles élargies en triangle, divisées en deux lobes égaux; nervures marquées dans le sens longitudinal; unisexuel. Les fleurs des deux sexes ne se rencontrent pas sur le même sujet, d'où la non-fructification dans nos contrées où il est peu répandu ; il est même probable que notre climat ne permettrait pas la maturation des fruits. Il réussit en tous terrains, mais préfé rablement dans ceux riches et profonds.

Genévrier commun (*Juniperus communis*), arbuste plutôt qu'arbre, mais pouvant cependant encore atteindre une hauteur de 8 à 10 mètres dans un bon sol frais et profond ; il reste maigre et rabougri dans les terrains secs et durs, ayant alors la forme d'un buisson. Les sujets vigoureux prennent la forme pyramidale. Son feuillage piquant, vert bleu, est d'un très joli effet.

—de Virginie, Cèdre de Virginie (*Juniperus Virginiana*), de l'Amérique du Nord, arbre de demi grandeur ; branches nombreuses étalées, formant une pyramide touffue ; feuillage fin, un peu piquant, d'un vert un peu foncé. Le semis produit quantité de variations, dans le feuillage surtout ; dans son jeune âge il serait difficile de rencontrer dans les pépinières deux sujets parfaitement identiques. Fort joli arbre, réussissant en tous terrains, très ornemental et très employé comme garniture de massifs dans les jardins paysagers.

Il existe plusieurs autres variétés, qui réussissent très mal dans notre climat.

If commun (*Taxus baccata*), arbre de moyenne

hauteur, d'une végétation lente, acquérant un grand âge : plusieurs siècles; affectant la forme pyramidale dans son jeune âge, plus tard formant de fortes touffes d'un vert sombre; propre à être taillé; fréquemment employé autrefois dans les jardins à la française, où on lui donnait toutes les formes que la fantaisie pouvait suggérer. Il a aujourd'hui beaucoup perdu de son prestige, et n'est guère plus employé que pour regarnir les anciennes plantations. Réussit en tous terrains.

Une variété pyramidale affectant la forme d'une colonne (*Taxus hibernica*), de récente introduction et peu répandue.

Mélèze d'Europe (*Larix Europea*), grand arbre, un des rares résineux qui perdent leurs feuilles l'hiver; réussissant assez mal dans nos contrées; cependant les terres calcaires et fraîches, les côtes exposées au Nord, lui conviennent assez; d'une végétation rapide dans son jeune âge. On l'emploie dans le Nord pour le reboisement des forêts. Il n'est guère employé ici que comme arbre d'ornement.

Pin maritime, des Landes, de Bordeaux (*Pinus pinaster*). C'est sans contredit l'espèce la plus répandue non seulement dans nos contrées où il peuple nos landes et nos dunes, mais dans l'univers entier. Peu difficile sur la nature du sol, il réussit là où aucune autre espèce ne viendrait; la mince couche de terre végétale de nos landes, 0m30, lui suffit; les terres profondes lui conviennent mieux, et c'est dans ces terrres-là qu'on trouve les plus beaux sujets, qui prennent alors de grandes proportions. D'une réussite fort difficile à la transplantation; aussi le multiplie-t-on de semis. Il n'est pas ornemental et n'est employé que pour boiser.

—**sylvestre**, **Pin d'Ecosse**, **Pin de Riga** *(Pinus sylvestris)*, bel arbre du Nord, réussissant bien dans nos contrées, d'une végétation rapide, se tenant garni de branches jusqu'à un âge assez avancé; ses feuilles, d'un vert glauque, produisent très bon effet; aussi est-il employé comme arbre d'ornement. Réussit bien en tout terrain, mais préfère les calcaires argileux. Il pourrait être employé avec succès comme reboisement, et dans les côtes raides où la culture de la vigne ne peut se faire; la qualité de son bois est bien supérieure à celle de notre pin maritime; sa grosseur est mieux proportionnée avec sa hauteur que chez ce dernier, ce qui produit des billes d'un volume beaucoup plus considérable.

—**franc**, **Pin pignon** *(Pinus pinea)*, grand arbre à tronc gros, droit; cime aplatie et arrondie, prenant la forme d'un parasol; c'est l'espèce qui porte l'amande comestible; d'une croissance fort lente et quelquefois retardée encore par les hivers rigoureux, qui gèlent la pousse de l'année; atteint un grand âge ; réussit en tout terrain.

— **remarquable** (*Pinus insignis*), arbre d'une croissance beaucoup plus rapide qu'aucun de ses congénères; son feuillage, fin et serré le long des branches, est d'un joli vert; réussit dans les terrains secs et chauds, mais non dans ceux froids ou mouillés. Cet arbre, d'introduction assez récente, n'a pas encore de sujets assez âgés pour pouvoir être jugé; toujours est-il très ornemental dans son jeune âge.

— **de lord Weymouth** (*Pinus strobus*), grand arbre à port pyramidal, branches étagées, assez flexibles sans être pendantes ; ses feuilles, longues et fines, sont d'un vert gai; très ornemental; aime les terres fraîches et humides.

Beaucoup d'autres espèces de pin sont cultivées comme arbuste d'ornement : tels sont le Pin d'Alep (*Pinus Halepensis*), Pin Mugho (*Pinus Mughus*), etc. Il en est un cependant dont on rencontre quelques rares sujets assez beaux, c'est le Pin noir d'Autriche (*Pinus Austriaca*), mais il craint la chaleur.

Sapin de Normandie, Sapin argenté (*Abies pectinata*), grand arbre à tronc droit; branches horizontales, un peu ascendantes dans son jeune âge; feuilles planes, lisses, d'un vert glauque en dessous, teinte produite par deux petites lignes argentées parallèles dans le sens longitudinal de la feuille; aime les terres fraîches; très belle végétation dans son jeune âge, mais n'atteint pas une grande longévité; souffre de la chaleur. Il est loin de venir beau dans nos contrées comme dans les Pyrénées, où des montagnes entières en sont couvertes.

—**de Nordmann** (*Abies Nordmaniana*), ressemble un peu au précédent, mais plus développé dans toutes ses parties; son feuillage est plus épais, presque noir; ses branches plus fortes et mieux liées à la tige, étant d'introduction récente. Nous ne possédons pas encore de forts sujets; mais s'il tient ce qu'il promet, ce sera certainement un des plus beaux du genre.

—**de Céphalonie** (*Abies Cephalonica*), grand arbre très ornemental, ressemble un peu au Pinsapo; d'une croissance assez rapide; les feuilles, disposées tout autour des rameaux, sont d'une teinte un peu sombre; réussit en tout terrain.

—**Pinsapo** (*Abies pinsapo*), le plus joli du genre par son port régulier; formant une pyramide compacte à large base; feuilles courtes, larges, raides, d'un vert sombre, très rustique; réussit en tout terrain.

—**Epicea** (*Abies picea, Picea excelsa*), très grand arbre, formant une pyramide élancée ; d'une croissance rapide ; le plus commun des conifères de nos contrées ; réussit bien dans les terres fraîches, où il prend tout son développement, et moins dans les terres sèches et chaudes. Il joue un grand rôle dans l'ornementation des jardins paysagers, où ses rameaux pendants sont d'un fort bel effet.

Sapinette blanche (*Abies alba*), ressemble un peu au précédent ; plus touffu et plus élégant dans son jeune âge, mais ne tarde pas à se déformer ; vient beaucoup moins grand et ne vit pas longtemps.

Variété à teinte glauque, appelée *Sapinette bleue.*

Plusieurs autres espèces d'introduction récente, mais qui ne paraissent pas s'accommoder très bien de notre climat : tels sont les *Abies Douglasii, A. Morinda, A. Pindrow*, etc.

Sequoia gigantesque (*Sequoia gigantea, Wellingtonia gigantea*), originaire de la Californie ; arbre d'une grande vigueur, à forme pyramidale dans sa jeunesse ; tige très forte, surtout à la base ; branches très nombreuses et également réparties autour de la tige, faiblement ascendante dans la partie inférieure, mais se relevant à l'extrémité ; teinte vert un peu sombre. C'est l'arbre qui vient le plus grand ; il atteint dans son pays plus de 100 mètres de hauteur ; d'une croissance rapide dans son jeune âge. Les terrains légers et frais sont ceux qui lui conviennent le mieux ; il réussit bien cependant dans les terres argilo-calcaires, mais se développe mal dans les terres sèches et chaudes.

—toujours vert *(Sequoia Sempervirens*, plus connu sous le nom de *Taxodium Sempervirens),* arbre atteignant, comme le précédent, de très grandes dimensions ; d'une croissance rapide dans son jeune âge ; ses jeunes pousses sont souvent détruites par le froid, mais il a la faculté de se reformer un guide ; ses branches longues et flexibles, ainsi que son feuillage léger, rappellent le Cyprès de la Louisiane. Réussit en tout terrain.

Les Conifères sont loin de se développer sous notre climat comme dans le Nord. Leur réussite à la transplantation est toujours difficile, presque impossible, lorsqu'on la fait à racines nues ; aussi est-on obligé de planter des sujets élevés en pot pour être sûr de la reprise. Leur développement est beaucoup plus lent ; peu d'espèces atteignent la même dimension. Les étés secs et chauds sont funestes à grand nombre de variétés et surtout aux sujets âgés. La teinte de leur feuillage est aussi plus claire pendant la période des grandes chaleurs; néanmoins, nous possédons de beaux échantillons de ce genre et même quelques-uns fort remarquables; il est vrai de dire qu'ils se trouvent dans un endroit fait pour eux, au Pian, chez M. Ivoy.

Il existe beaucoup d'autres espèces dont je n'ai pas parlé, n'ayant voulu mentionner que les grands arbres : tels sont les *Tuyas, Tuyopsis, Libocedrus,* etc., qui ne sont que des arbres de troisième ou quatrième grandeur ou même des arbustes.

TABLE DES MATIÈRES

Bordeaux. — Imp. G. Gounouilhou.

www.ingramcontent.com/pod-product-compliance
Lightning Source LLC
Chambersburg PA
CBHW050554210326
41521CB00008B/967